尋茶之路

TEA QUEST

黃亞輝 著

目　錄

飲茶粵海

南粵茶人——陳國本教授 / 1
第一次到饒平 / 5
老許一家 / 8
單叢茶的評審 / 11
鳳凰鎮、鳳凰水仙茶、鳳凰單叢茶 / 13
單叢紅茶 / 17
連續慢速做青 / 21
紅茵為何物 / 24
引種——回遷鳳凰水仙 / 26
潮州工夫茶與中國茶道 / 28
中國茶道的精神 / 31
連南的瑤族 / 33
連南的茶葉 / 37
連南尋茶 / 38
曲江的羅坑茶 / 42
英德野生茶 / 44
河源的仙湖茶 / 51
南崑山的毛葉茶 / 54

茶樹遠緣雜交 / 58

　　上川島，茶之島 / 63

　　華農 181 及其他 / 67

　　廣州古代也產茶 / 71

　　對印度茶業的一點讀書思考 / 76

彩雲之南

　　第一次出差到雲南 / 83

　　引種雲南大葉茶樹品種 / 89

　　嫁接 / 89

　　酸茶 / 93

　　茶為藥食 / 95

　　大理 / 100

　　感通寺裡的大理茶 / 102

　　喜洲——茶馬古道的中轉站 / 106

　　巍山古城 / 109

　　勐庫看茶 / 112

　　古茶園掠影 / 113

　　也說老班章 / 120

　　滇東南的野生茶樹 / 125

　　古茶樹的保護 / 132

　　金花普洱茶 / 133

　　寬葉木蘭化石 / 135

瑤山深處

　　初到金秀 / 138

　　金秀這個地方 / 141

目　錄

袖珍的縣城 / 143

滿街山貨特產 / 145

研究金秀野生茶如何？ / 148

又到古董茶廠 / 149

野生茶樹考察的準備工作 / 150

一上瑤山 / 151

六巷的古陳大葉茶 / 156

古陳的瑤家 / 157

中國人類學的搖籃 / 159

歷史名茶——白牛茶 / 165

說說金秀八角 / 167

二上瑤山 / 168

三上瑤山 / 176

四上瑤山 / 178

出版了《金秀野生大茶樹》/ 183

金秀野生茶樹資源的幾點特徵 / 184

論茶樹演化中心及其特徵 / 187

建立了金秀野生茶樹資源圃 / 195

金秀野生紅茶的加工技術 / 202

瑤族的老陳茶 / 212

茶樹的近緣種——禿房茶 / 216

龍脊茶 / 220

昭平 / 222

修仁縣及修仁茶 / 224

後語 / 227

飲茶粵海

南粵茶人——陳國本教授

　　我在湖南省茶葉所工作時，有幾次在所裡碰到陳國本老師。陳老師風度翩翩，講的普通話中間帶有一點廣東味道。陳老師原先在湖南農業大學茶學系工作，在他 50 多歲時才調到華南農業大學來。他是我大哥大嫂的老師，因此，在我大哥家裡也曾幾次見到陳老師，然而，更多的是從我哥他們平常的談話中聽到陳老師——一位茶學大家，同時也是一位真正的君子。

　　陳老師總是樂呵呵地盡心盡力幫助別人，湖南省茶葉所許多人都是陳老師的學生，因此，每逢要到廣東辦事總喜歡找陳老師出面。一次我大嫂張亞蓮和育種專家董麗娟老師想要找一些鳳凰單叢茶樹的種子，就是找到陳老師幫忙的。那時陳老師已經 60 多歲了，專程從廣州帶了她們兩位到潮州鳳凰山，山上山下轉了好幾天，找到了不少名貴品種的種子。我大嫂回家後不止一次講起，不是陳老師辛苦帶路就根本找不到那些品種。後來有次我出差到廣州，也是有事找陳老師幫忙，進門坐下，喝茶，「亞輝，

上次帶你大嫂亞蓮和董麗娟她們到潮州，真不好意思，招待得不好。」我忙說：「哪裡哪裡，辛苦您了。」陳老師講話總能讓人感覺到他的一片真心，二十幾年過去了，那些引到湖南的單叢茶後代早已長成了大樹，陳老師這些話還時常迴響在我耳邊。

1989年我到湖南省茶葉所，到2007年已經工作了18年。如果把參加工作比喻為事業上的出生，湖南省茶葉所已經把我養成了一個18歲的小夥子了。人長大了總是要離開大家庭獨自去拼搏的，這年我調到了華南農業大學（簡稱華農）。8月的一天，我去學校報到，住在竹園賓館，早晨起來到大堂，碰到陳老師，說是臺灣的茶人范增平來了，住在這裡。他問我來廣州出差？我告知調到華農來了。此後，經常與陳老師見面，我對陳老師的了解也就慢慢加深了。

在學問上陳老師有許多真知灼見。「小黃，你現在調到華農工作了，你知道廣東茶葉的重點在哪裡嗎？嗯，單叢茶，抓住了單叢茶就抓住了廣東茶葉的重點。」來華農後，我第一次去拜訪他，陳老師語重心長地對我說，「那個地方的茶農真是了不起，從古時候就知道分單株採製、分單株繁殖，這可能是世界上最早的茶樹無性育種。」我知道陳老師家鄉就是潮州，對那裡的單叢茶感情深厚，但單叢茶確實了不起，無論是花香蜜韻的品質風味還是單株採製、單株繁殖的自古習俗。「茶葉專家要下地，我原來經常與學校工人一起在茶園裡面做事的，那些只會一點書本知識的專家是不行的。」我在學校茶園曾經幾次碰到茶學系已退休的老工人，他們對陳老師與大家一起在茶園工

作的往事記憶猶新，津津樂道。對於從茶葉所出來的我，當然感受頗深，生產上的問題就是科學研究中的課題嘛，不下地、不進廠哪能進行科學研究呢。

陳老師年輕時跟隨湖南農業大學茶學大家陳興琰教授從事茶樹資源研究，曾經數次深入雲南原產地從事茶樹資源調查研究，具有很高的學術造詣。一次聊到潮州野生茶樹紅茵，「有些人說紅茵是單叢茶的祖先。」陳老師習慣地笑了兩聲：「真是無稽之談，祖先？哼，說不定還是子孫呢。」確實，以後我們的研究發現這些野生茶樹其實屬於後生茶亞屬，是茶種植物的子孫。聽到我們要到廣西、雲南調查野生茶樹，陳老師說：「調查野生茶樹要採種子，帶回種子才能研究利用。」今天，站在我們於寧西基地建立起來的茶樹資源圃裡面才徹底明白了陳老師當年講話的深意，是啊，只有擁有茶樹資源才能更方便地、更好地進行研究利用。

陳老師待人熱心和善，很多人樂意與他交往，因為與他在一起有一種如沐春風的感覺。但隨著見面次數的增加，我還感覺到陳老師性格中還有疾惡如仇的一面。在喝茶聊天之際，他講起那些不學無術的虛偽的人，語氣往往是非常犀利的，簡直絲毫不能通融。餘生也晚，有幸拜訪和聆聽教誨的老先生並不多，但在這些老先生中，不只是陳老師，比如湖南農業大學的羅澤民教授、黃意歡教授，湖南省茶葉所的王秀鏗研究員、劉寶祥研究員等，他們都不乏那種仗義執言，甚至危難時刻拔刀相助的血性，我想這大概就是中華民族優秀知識分子的一種氣節與美德吧。

尋茶之路 Tea Quest

左起：林偉周、黃亞輝、陳國本、黃仲先、陳漢林

　　陳老師始終給人是謙謙君子的印象。自己很熱情地幫助別人，但從不願意去麻煩別人。事實上，他也沒什麼好麻煩別人的。記得是 2011 年，我有一段時間沒到陳老師家裡去，接到一個朋友電話，說陳老師在住院治病。我馬上打電話給陳老師，問他住在哪家醫院。電話裡他以不容商量的語氣說道：「不要來，小黃，不要來啊。」考慮到平時陳老師身體很好，我也真的沒有去看他，現在想起來還是後悔的。

　　後來陳老師由於年歲已高，病情反反覆覆。有次住完院回到家裡，我去看他。那天他戴著口罩，可能是醫生交代的，擔心感冒，他看起來很虛弱的樣子。看到他坐在客廳沙發上，想起身，我上去扶他一把，他馬上生氣地推開了我。我當時心裡在想，陳老師呀陳老師，您真是注意風度啊，到這時候了還是風度第一呢。

第一次到饒平

2007年8月調到華南農業大學後，除了2008年暑假帶學生到英德進行了一次「三下鄉」①活動，調研了幾家茶葉企業以外，開始的兩年極少出差。主要是查閱資源，對即將要講的茶樹生理等幾門課程進行備課，另外，就是熟悉廣東省茶葉產業的情況。

2008年11月，一天收到饒平縣政府的邀請函，邀請我前去參加縣裡舉辦的「第二屆中國嶺頭單叢茶文化節」。第二天，陳國本老師問我收到邀請函沒有，我才知道，是陳老師推薦我去的。因為才來廣東不久，饒平還不認識我呢。

記得是和陳老師及鄭永球等幾位老師一起坐大巴車到饒平的。印象中，路途很遠，過饒平就是福建詔安了。車過紅海灣的鮜門，一路便可以看到波光粼粼的南海了，對於我這個生長在湖南的內地人來說，心裡還是有抑制不住的激動。

翌日，縣裡安排參觀嶺頭單叢茶主要產區——浮濱鎮的嶺頭、古山、上社幾個相鄰的村寨。這是我第一次來到單叢茶產區。嶺頭單叢，又名嶺頭白葉單叢，這個品種的樹姿和長勢給我的印象特別深。嶺頭單叢分枝部位較高，著葉層集中在茶樹的中上部，一行行的茶樹，長勢極為旺

---

① 三下鄉：是中國青年人，通常是大學生參加的一項活動。三下鄉的「三」指「科技、文化、衛生」，「鄉」指農村地區。活動主要內容是青年人將城市的科技、文化和衛生知識帶到社會發展相對落後的偏遠地區，向當地人傳授知識。——編者注

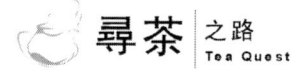

盛，從上面看，就如一張綠色的絨毯一樣，密密匝匝，毫無空隙，但茶行的中下部卻清清爽爽，只有茶樹的主幹在那裡挺立著。這樣，有利於茶樹行間空氣的流動，減少病蟲害的發生。

筆者在第二屆嶺頭單叢茶文化節上發言

參觀了幾個加工廠，規模不大，設備較原始，主要還是靠工人手工操作。到一個廠必喝他們的茶，嶺頭單叢、古山赤葉、國賓單叢，皆極好。

第三天是嶺頭單叢茶文化節的開幕式，陳老師、鄭老師等幾位老師做了演講。會議主辦方派人來到我身邊，想邀請我也做個發言，初來乍到，本不想講話，同坐一排的陳老師用眼神示意，要我去講一講。只好匆匆整理了一下思路，上去做了個題為《論嶺頭單叢茶的產業化開發》的發言。

飲茶粵海

論嶺頭單叢茶的產業化開發

嶺頭單叢,又名嶺頭白葉單叢,具有花香蜜韻、味甘醇爽、湯色橙黃明亮、綠葉紅邊等特徵,品質優異。

1. 嶺頭單叢茶開發主要存在的問題 一是知名度不高,單叢茶(不僅是嶺頭單叢)品質為烏龍茶中之佼佼者,但知名度小於福建鐵觀音和武夷岩茶;二是市場份額較小,福建鐵觀音目前年銷量達12萬噸,潮汕單叢茶年銷量約為2萬噸;三是市場覆蓋範圍較窄,單叢茶主要消費者為潮汕本地人,工夫茶藝向外省的傳播十分有限,制約了單叢茶產業的拓展;四是單叢茶外形蓬鬆,外地消費者難以認同,且不適於包裝,也在很大程度上制約了單叢茶的市場拓展。

2. 嶺頭單叢茶產業化開發的建議 銷售範圍窄、市場占有率低是嶺頭單叢茶目前面臨的嚴峻現狀。依據市場需要,適時對其生產技術進行改進十分必要。對進一步發展嶺頭單叢茶產業的建議有三點,但概括起來就是一句話:分檔次對饒平嶺頭單叢茶進行開發。第一檔為高檔精品名優茶,第二檔為大宗主幹茶,第三檔為夏季茶,即本地茶農所稱的暑茶。

高檔精品名優茶產量約占10%,產值約占30%,是嶺頭單叢茶的形象代表。對於這部分名優茶產品可採用手工採摘、手工製作,甚至分山頭、分單株進行單獨採摘、製作、包裝、銷售。

大宗主幹茶產量約占60%,產值約占60%,是嶺頭單叢茶產業發展的中堅力量。對於這類茶,我們認為:一是要提高機械化生產程度,大宗茶的採摘和加工應全部實行機械化作業,機械化作業不僅可以提高工效,降低成本,還可以保證產品品質的標準一致。二是制定嶺頭單叢茶大宗類產品的

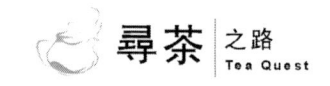

品質標準。三是研究推廣單叢茶拼配技術。大宗單叢茶產品應該走拼配之路，精心研究嶺頭單叢茶的拼配方案，做到大宗產品全年一種外形、一種香氣、一種味道、一個價格。四是研究推廣嶺頭單叢茶精製技術。經過精製可以解決外形蓬鬆的問題，這對大宗產品的包裝出售以及市場認可至關重要。

夏季茶產量約占30%，利用夏季茶原料製作單叢茶品質較低，但夏季茶茶多酚含量高，製作紅茶則非常適宜。可以進行單叢紅茶的加工技術探索。

以上內容是當時發言時談的一些不成熟想法，但到現在，我還是認為單叢茶產業要做大，就必須走拼配這條路。另外，單叢紅茶、連續自動做青等後來的研究基本也是基於這些想法進行的。

老許一家

老許是饒平縣浮濱鎮上社村的茶農。我工作後開始陸陸續續發表一些文章。1993年前後，老許讀了我的文章即開始與我聯絡，當時只有寫信這種方式。他每次寫信來，都是問一些茶葉生產技術方面的問題，我也耐心地回信給他。就這樣，我們逐漸地建立起一種友誼與感情。後來，老許有時會將他加工的白葉單叢茶寄一點給我，讓我品嘗並提出意見。有時他寄來的是冬季雪片茶，外形十分蓬鬆，但香氣很好；有一次他還寄給我一套白瓷的可愛的小工夫茶具。實際上，當時我工作不久，又在湖南，談不上給他的單叢茶提出什麼意見，倒是由於老許年年寄茶給我，使我喜歡上了單叢茶。

飲茶粵海

真正與老許見面已經到了 2008 年下半年，也就是我來饒平參加第二屆嶺頭單叢茶文化節，大會組織到浮濱鎮參觀。到了古山村，我與村民一講起老許的名字，大家都說認得，是上社村的，很近，於是一下就把老許找來了。面對十幾年的老朋友，第一次見面，自然十分高興，有許多話想問、想說，但畢竟是開會參觀，時間有限，只好揮手告別。在參觀車上，饒平縣農業局的林偉秋老師問我第幾次來饒平，我說是第一次，他說看我剛才與老許的談話，他還以為我之前到過這裡多次呢。

因為我調來華南農業大學工作了，後來與老許見面就多了，一般是我帶學生到他家去做茶。老許家的老房子不大，樓上可以睡人。單叢茶的做青設備在一樓，揉捻、烘乾則在屋前的一間小石頭房子裡。隨著見面次數增加，對老許一家的了解也進一步加深。老許，衣著樸素，身體健康，皮膚紅黑，頭髮花白，講話略微期期艾艾，是我見過的那種最為忠厚善良的人，所謂古道熱腸指的就是老許這樣的人。「黃教授，來杯咖啡吧？」我很好奇，地處饒平山裡面的老許家裡竟然有上好的咖啡可喝？老許解釋道，1960、1970 年代，村裡來了很多潮州、汕頭的知識青年，這些背井離鄉的年輕人在農村吃盡了苦頭[1]，幸好有老許這樣的好心人給予他們不少幫助，因而建立了深厚的友情。後來這些知青回城工作，有的做生意發了財，有的甚至移居港澳。人總是懷念過去的，那曾經拋灑過青春血淚的地方，那淳樸誠實的老朋友怎不讓人夢魂牽繫？「這些

---

[1] 上山下鄉運動：中華人民共和國歷史上的一場政治運動，發生於 1950 年代至 1978 年，期間政府組織上千萬的城市知識青年（知青）到農村去定居和勞動、「接受貧下中農的再教育」。——編者注

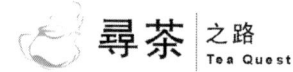

年，年年有知青結伴回村，總要買走不少茶葉。這些咖啡就是一個現在定居在香港的知青朋友送的，前幾年還邀請我去香港他家裡住過幾天呢。」說起這些，老許滿是自豪。是啊，這世界上有金子有鑽石，但最貴重的還是這真正的友情；現在，許多人老是質疑純正友誼的存在，但就是不知道反問自己是否配得上它。

左起：許俊青（老許）、黃亞輝

老許文化程度不高，但內心嚮往知識，懂得尊重知識。在與他的談話中，他時不時會冒出幾個專業名稱，如石硫合劑、茶毛蟲病毒等，他家裡經常訂有一兩份茶葉刊物，也許這些詞彙就是從刊物裡面學到的。

老許兒子小許，在深圳做了多年生意，已經在那裡買房安家。小許有時候從深圳來我家走走，交往中我感覺到他雖然在大城市打拚了這麼多年，但乃父之風未改，因此，我也十分樂於與他來往。這幾年小許也回到家鄉乾茶葉這行了，一來茶葉市場持續向好，前途光明；二來老許年紀大了，雖然身體還硬朗，但畢竟需要一個茶葉接班人了。年輕人有年輕人的優勢，小許沒有辜負老許的期望，把家裡的茶葉生意做得紅紅火火，單是茶園面積就擴大了兩倍。家裡房子也在原先的老屋地基上新建了一棟三四層的大樓房。

老許一家是中國最普通的一戶茶農，我們成為好朋友將近30年了，為此，我感到十分驕傲。這些年我親眼看到老許一家的變化，越變越好，我相信他們一家也代表了中國的茶葉產業，越來越好。

單叢茶的評審

饒平縣曾經幾次邀請我去參加嶺頭單叢茶評審，第一次可能是2009年。單叢茶對於我來說是一種新茶，因此，去饒平之前我特意去了陳國本老師家一次。「小黃，單叢茶審評講究蠻多的，以前他們請我去評，我都注意少發表意見，多看，要多看。」我記住了他說的話。評審在浮濱鎮政府舉行。與別的地方茶葉評審不同，這裡首先是評審活動的開放程度相當高。由於評審就在茶葉產區進行，茶企、茶農幾乎無人不知，評審這天鎮政府門口擺了一坪的摩托車，審評室也允許他們進來，只是不能大聲喧譁，於是一間不大的會議室兼審評室內人頭攢動，除了七八位評委及工作人員以外，全是茶農和茶企人員。其次是群眾參與評茶的積極性相當高。這裡的茶葉審評是在周圍幾十上百位

嶺頭單叢茶評審

茶農朋友的眼光下進行的，絲毫不敢馬虎。一輪茶湯開過，等評審專家嗅過香氣、品過滋味後，茶農們往往也過來聞香品味，碰到好的茶點點頭，碰到有問題的茶就露出不屑一顧的樣子，用眼神交換著彼此的資訊。北宋大文豪范仲淹在他的《鬥茶歌》中說道：「……鬥茶味兮輕醍醐，鬥茶香兮薄蘭芷。其間品第胡能欺？十目視而十手指。勝若登仙不可攀，輸同降將無窮恥……」饒平單叢茶的評茶几近於古代的鬥茶，人就在現場，不容有任何的暗箱操作，而且不待結束，勝負已決，贏家輸家心知肚明，心服口服。

單叢茶審評方法也與國家標準略異。5克茶葉放入110毫升的蓋碗中，1分鐘、2分鐘、3分鐘各沖泡1次，茶湯分別倒入3個白瓷碗中，3次均聞香，且帶湯也聞，

飲茶粵海

綜合評定。第1次即1分鐘的滋味不評，綜合評定第2、3次的滋味。香氣、滋味各占35％，外形、湯色、葉底各占10％。而國家標準中，烏龍茶也分3次沖泡，時間則分別為2分鐘、3分鐘、5分鐘。評分也有差異，國標中香氣占30％、滋味占35％、外形占20％、湯色占5％、葉底占10％。形成這些差異是有原因的，單叢茶濃度高，出湯時間短，外形蓬鬆，評分占比較小，而香氣是單叢茶的靈魂，因此分值很高。

鳳凰鎮、鳳凰水仙茶、鳳凰單叢茶

三者的關係是鳳凰水仙茶樹群體位於潮州市潮安區的鳳凰鎮，而鳳凰單叢茶樹又是從鳳凰水仙茶樹群體中分單株優選得到的。

潮州是中國歷史文化名城，人傑地靈，素有「嶺海名邦」、「海濱鄒魯」之美譽，唐宋八大家之首的韓愈因諫迎佛骨一事被貶潮州，更是為這裡留下了濃墨重彩的一筆。從潮州市驅車往北行走，約莫20公里以後，公路變窄，曲折崎嶇，兩邊的山勢陡然變得高大，便進入鳳凰鎮地界了。鳳凰鎮是個不折不扣的山區小鎮，全鎮海拔1 000多公尺的高山有十幾座，這些山峰有的依形得名，如鳳鳥髻山、雞公髻山、筆架山，有的古意深奧，如大質山（古名待詔山，亦名百花山）、烏崬山等，山連山、峰對峰，共同構成峰巒疊嶂的鳳凰山脈。

最奇特的當屬烏崬山，山高1 391公尺，為鳳凰山脈第二高峰。烏崬山的生命及神韻全賴山頂的天池。天池係由古代火山口形成的天然湖泊，湖面60餘畝[①]，水質十

---

① 畝為非法定計量單位，1畝≈667公尺²。——編者注

分清冽。我曾多次到烏崬山，每次都會登頂欣賞天池的無邊美景。坐在湖邊石岸上，我最愛碧波蕩漾的湖面上倒映的白雲，浩蕩的山風從耳邊拂過，凝神於雲卷雲舒的萬千神態，真可使人達到那種忘我的境界。

　　鳳凰山自古便有茶樹，這是無須論證的事實，因為，鳳凰水仙茶樹群體品種就分布於這裡。至於說鳳凰當地百姓種茶、製茶的歷史，則眾說紛紜，大都認為始於宋代，距今有700餘年歷史。鳳凰人種茶、製茶最值得一說的是單叢茶。單叢茶在鳳凰自古就有，茶農們對山裡的這些大茶樹分單株採摘，分單株製作，分單株繁殖，分單株品鑑定價，分單株售賣。在這一系列的過程中，眾多品質優異的單株便脫穎而出。後來，隨著扦插、嫁接等無性繁殖手段的掌握，這些優異單株被進一步擴大繁殖、種植。因此，鳳凰山的每一個老茶農就是一位茶樹育種家。至今，鳳凰這裡還時不時冒出一個、兩個新的單叢茶樹品種，就是他們的傑作。

　　作物育種的早期預測十分重要，也一直是個難題，基本靠經驗的積累。有經驗的水稻育種專家到稻田裡摘幾粒稻穀放入口中咀嚼，便能判斷這個品種的米質好壞。一到茶園，我也有嚼茶鮮葉的習慣，透過咀嚼，茶樹品種的濃淡、甜苦以及刺激性等滋味特徵能夠在舌面上清晰地反映出來。單叢茶育種最看重香氣，本地人有很好的方法來判斷一株茶樹香氣的高低、好壞。為此，我曾經專門跟隨本地有經驗的茶農一道在鳳凰山裡走過，只見他們採摘幾片開面程度的葉子，放於兩個手掌中間，反覆地輕輕揉搓，然後嗅其香氣，以此來判斷。這一招模擬了單叢茶做青的工藝，而且手掌之間有微微熱氣，又模擬了曬青過程，因

飲茶粵海

潮州鳳凰山古茶樹

此，很準確。

每次到鳳凰山，總愛鑽進古茶園裡面靜靜地觀看那些大茶樹。春季可以邊看邊隨手摘取一兩個芽頭咀嚼一下，體會其味道。要是秋冬季節，在老遠處就能聞到來自茶樹上的陣陣花香。單叢茶香，單叢茶樹的花也特別香。可能是從事茶樹種質資源研究與育種的緣故吧，我見到古茶樹總會習慣性地剝開它的花朵，看看它的子房、花柱等結構。在鳳凰山古茶林裡，我驚奇地發現，鳳凰水仙茶樹的子房有許多沒有茸毛的，因為按照植物分類學，茶樹的子房是有茸毛的。去的次數多了，遇上開花季節，我就觀察這個特徵，結果次次如此，稍微統計一下，約有1/3的茶樹是子房沒有茸毛的。後來，我們從湖南長沙將1960年代引種過去的鳳凰水仙茶樹優

選了二十幾個單株，又引回學校茶園種植，結果調查發現，還是有將近1/3的單株是子房沒有茸毛的，於是撰寫了相關文章發表在2019年的《中國茶葉》上。單叢茶無性品種中也有許多是子房無毛的，比如嶺頭單叢，子房就完全無毛。同一個茶樹群體，有的子房有茸毛，有的沒有。在後面的內容中會提到，我們已經開展了茶樹遠緣雜交研究，其中，禿房茶與茶進行雜交，其後代表現出大部分單株子房有茸毛，少部分沒有茸毛（約占1/3），還有極少數子房茸毛稀少，與鳳凰水仙茶樹群體相類似。單叢茶樹演化過程中是否發生過與禿房茶種的某種基因交流？問題是，現在鳳凰山沒有看到禿房茶的蹤影；禿房茶的生物鹼中可可鹼占絕對優勢，現在的鳳凰水仙茶中幾乎不含有可可鹼！因此，鳳凰水仙茶樹是一個十分有趣的群體，它的子房茸毛特性是個謎團，它的演化歷程非常值得深入研究。同時，鳳凰水仙茶樹群體的演化歷程可以折射出許多茶樹群體的演化歷程，進而能從一定角度反映出茶樹這個物種的演化歷程。

石古坪位於鳳凰山脈中的大質山山腰，這裡的茶農大多數為畲族百姓，以藍、雷兩姓為主。這裡的茶樹與鳳凰水仙茶樹差別較大，芽葉細小，葉色較深。石古坪烏龍茶外形緊結，色澤砂綠，香氣清高。葉底主脈明顯紅變，因此有「線烏龍」、「一線紅」等稱謂。近年來，有不少臺灣茶界人士來到石古坪祭祖，他們信奉石古坪是臺灣烏龍茶的發祥地。這段歷史淵源值得研究發掘。

鳳凰山有好茶，有古老而科學的茶葉生產技術。到這裡來可以喝好茶，學技術，但古茶樹則要好好地加以

保護。鳳凰山上的古茶樹、古茶園很多,最具規模的當屬大庵這片,遒勁有力的古茶樹樹幹上斑斑駁駁,留下了歲月的滄桑與烙印。由於樹齡較長,這些古茶樹只可遠觀,不可近玩。雲南先後兩代茶樹王枯死的殷鑑不遠,鳳凰山天池下樹齡最大的宋種古茶樹也於2016年駕鶴西行。這些慘痛的事實無不昭示著對古茶樹、古茶園保護的重要性!

單叢紅茶

2007年我調來華南農業大學後,空閒時經常跑到芳村茶葉市場去喝茶,感覺到紅茶悄悄興起,大有燎原之勢,因此,在課堂上有時與學生談到紅茶馬上興起的預測。事實上,趁著這股紅茶風,英德的許多茶企在忙於恢復英紅的生產。2008年,暑假我帶大學生到英德實習期間,看到各個茶廠都在進行紅茶生產。英紅9號當時僅有幾百畝老茶園,而湖南省茶葉所的扦插技術人員們已經進入英德,開始大量繁殖英紅9號茶苗。

單叢茶春茶最好,秋茶次之,冬季能夠做少量茶,叫雪片,香氣高,滋味較淡。夏季茶葉因為酚類物質含量高,苦澀味重,而且香氣較低,加工單叢茶品質往往較差。因此,從潮州單叢茶區回來以後,心裡就在想,能不能利用夏季的單叢茶原料加工紅茶?2010年我正好承擔

尋茶之路 Tea Quest

了廣東省的重點攻關項目①「廣東茶葉產業推進關鍵技術研究」，以此為契機，翌年5月，我帶著賴榕輝和趙文霞兩名研究生，來到了攻關項目的試驗基地饒平縣浮濱鎮的古山村，住在村民老劉家裡，著手進行單叢紅茶加工技術的摸索。

5月的饒平山區濕度很大，萎凋葉不容易失水，經過了20小時萎凋，葉子還沒有達到要求，不得已，最後還是在陽光下稍稍曬了一曬，便進行揉捻了。由於失水不夠，揉捻後期稍有茶汁流出。古山村種的基本是嶺頭單叢，我們的試驗便以嶺頭單叢為原料。發酵過程中發現這個品種發酵速度比較慢，5月這裡氣溫不高，發酵需要6小時左右。經過兩天時間，這批紅條茶做出來了。在老劉家客廳，我們迫不及待地喝了第一泡茶。湯一篩出來，一股茶香飄散在空氣中，香氣很好，帶有淡淡的花香。茶湯入口，濃而澀。這也不奇怪，大葉種做紅茶，剛出來的紅茶往往滋味濃強，它需要一定時間的轉化。葉底古銅色，光澤感極強。這批茶除了萎凋程度偏輕，整體來說是很好的。好長一段時間的想法終於得到證實，單叢茶品種可以做出好的紅茶。兩天做茶的疲勞辛苦一掃而光。做好的紅茶帶回學校，過一段時間就審評一下。當年8月，將這個茶樣送到中國茶葉學會，參加首屆「國飲杯」茶葉評比，結果，還榮幸地獲得了一等獎，評委給出的評價極高：外形條索緊，湯色紅亮，花香顯露，滋味濃爽帶花香，葉底

---

① 攻關項目：中國用於科學研究、工程、技術開發和專案管理領域的術語，指的是為了攻克某個技術難題或解決重大問題而設立的專案。——編者注

紅亮較勻。

世世代代從事單叢茶生產的饒平茶農，從來就不知道紅茶為何物，更不懂得他們茶園的茶還能加工紅茶。我們的試驗事先本沒有聲張出去，但茶農之間資訊傳播很快。從萎凋開始，就陸陸續續有周圍的茶農騎著摩托車過來觀看。茶葉擺在老劉家前後兩棟房子之間的坪裡，茶農們圍聚在這裡，時不時抓一把茶葉看看、捏捏，看得出來，他們在認真地學習，憑著他們長年做單叢茶的經驗在判斷、比較、領會。到了做發酵時，來的人越來越多，有六七十人之多，小小的發酵室容不下，只能一批批地進去，看看發酵到底是怎麼回事。

2010年到饒平古山村加工紅茶

我們一邊試驗，一邊盡可能地將原理與技術教給茶農們。事實上，我們的試驗一做完，茶農們便立即回家幹開了。2010年下半年，我又來到饒平，當地茶農得知我來

尋茶之路 Tea Quest

了，紛紛帶著自己的紅茶產品前來找我喝茶。滿臉謙虛的笑容，一邊遞煙一邊小心翼翼地泡上自己的產品，誠懇地求教。說實話，這些紅茶五花八門，各種香氣各種味道都有。一問加工更是離奇，有的因為擔心發酵溫度不夠，把自家棉被包著茶葉發酵；有的在柴灶上升火發酵；有的發酵二十幾小時，不一而足。我饒有興致地聽著他們的講話，心裡在想，紅茶對於他們是全新的事務，只可鼓勵而不可掃興。我把他們的大膽勇氣好好地鼓勵了一番，當然也指出了產品的問題和技術要點。後來的幾年，饒平縣幾乎年年邀請我去做茶葉審評和培訓。我發現，竟然有茶農壯著膽子送他們的紅茶來參評。開始當然不好，評不上，但明顯地，他們送的紅茶品質一年比一年好起來了，大約第四年，送來的紅茶已經很好了，與外面好的紅茶沒什麼區別了。到現在，11年過去了，饒平茶農家家都會做紅茶，過去不值錢的夏茶終於有了一條出路，作為最初的技術推廣人，我發自內心地為他們高興。我們科班出身的人往往重視理論，以為把理論做得滾瓜爛熟再去實踐動手，這樣才會事半功倍；而這裡的茶農們並不懂多少理論，他們看了一下我們怎麼做茶，自己動手就做，邊模仿邊改進，結果把紅茶也做好了。

由此記起我小時候學游泳。我的老家湖南汨羅，每到夏天，熱似火爐。中飯後，大人們勞累了一上午，要午睡一下，這時我們小孩最喜歡的事就是偷偷去玩水。往塘邊一走，總會碰到三五個小朋友，短褲背心一脫就下水了。開始不會游，只能在塘邊淺水處來幾個狗爬式。嗆幾口水是常事，水從鼻孔中嗆入的感覺十分不好受。會游泳的夥

飲茶粵海

伴會告訴你，游泳時腳要怎麼蹬，手要怎麼划，但沒用，你按他說的去蹬去划，還是浮不起來，還是嗆水。中午驕陽似火，於是試著把頭鑽進水裡，開始幾次，頭插進水中立刻就出來了，慢慢地知道吸口氣在水中憋久點，後來知道了吸口氣沉到水底，摳著泥巴往前面爬行。水淺的時候膽子大，有一次竟然一口氣潛到塘的對岸去了。也就是那次潛水，我發現我在水中可以浮起來游走，接下來我把頭伸出水面，也能游了。由於有了這次經驗，後來我教起別人游泳特別快，一般下水幾分鐘都能學會。反倒是那種正規的游泳課上，教練先講一大通游泳的原理，如何才能浮起來，如何才能潛下去，如何才能往前游走，手要如何動，腳要如何動，學員一跳入水裡，心裡想著到底是要動手還是要動腿、是要吸氣還是要呼氣，慌亂間一口氣就囫圇地衝入氣管，幾口水一嗆，人就沒有信心了，很多人也因此與游泳無緣了。

由不會游泳到會游泳，由不會做茶到會做茶，對個人而言，都是一個創新過程。因此我以為，創新過程中理論和實踐都重要，但實踐更重要，在理論面前裹足不前只會貽誤時機，而那種勇於實踐探索，在實踐中時時以理論進行校準的人才能有所收穫。

連續慢速做青

烏龍茶包括閩南烏龍茶、閩北烏龍茶、潮州單叢茶和臺灣烏龍茶，和所有的烏龍茶一樣，單叢茶的做青耗工費時，而且受天氣影響極大。那麼，怎麼樣解決單叢茶做青

的問題？這方面，福建省是烏龍茶大省，走在前面，於是，專門到福建安溪和武夷山區參觀學習。所到之處發現，福建烏龍茶做青大部分實現了做青間調溫調濕，由空調機和除濕機完成，但做青葉還是需要幾次的上下機，必須由人工完成，做青工人的勞動還是需要熬夜，十分辛苦。

回來之後，自動做青這個問題一直纏繞在頭腦中，晚上在校園裡散步，腦袋裡考慮的也是做青的問題。我在湖南省茶葉所上班的第三年，進所裡開發公司工作了一年。這年最大的收穫便是到廣西橫縣5個月，掌握了茉莉花茶加工技術。一次月下散步，突然記起橫縣茶廠裡篩除茉莉花渣的抖篩，茶葉在篩面上上下抖動，但一直是均勻地攤了一層的。能否設計類似抖篩這樣的機械，讓茶葉在原地抖動，這樣既完成了葉片的碰撞與摩擦，又讓葉片在平面上均勻攤放，就不需要在晾青時下機了。帶著這個想法，聯絡了工程學院的老鄉漆海霞老師，她也十分感興趣。於是，我的想法很快變成了機械圖紙，再聯絡加工廠，圖紙又馬上變成了樣機。起先，樣機的運行不盡如人意，電機太小，轉起來慢悠悠的。於是，又聯絡功率大一些的電機，結果買回來，體積很大，將樣機一併運回加工廠，一番改造後勉強將大電機安裝了上去，這回一開機，果然功率大，機械正常運行起來了。這種平面振動機能夠實現我最初的想法，結合自動控制系統，可以達到定時振動、定時晾青、晾青葉不必下機的目的，由於樣機做的比較小，而且只有一層，一次的上葉量只有5公斤左右。

但，能否還有更省力更方便簡單的設備實現單叢茶做青的自動化？這成為那幾年我頭腦中經常思考的問題。

飲茶粵海

烏龍茶做青就是茶鮮葉發酵，即氧化的過程，整個過程是在兩種環境脅迫下進行的，一是鮮葉不斷失水的乾旱脅迫，二是葉片摩擦、碰撞造成的機械損傷脅迫。兩種脅迫的作用，一方面導致蛋白質、多醣等大分子物質向胺基酸、單醣等小分子物質轉變；另一方面部分細胞的結構被破壞，細胞中原來被細胞膜嚴格定位在不同區位的茶多酚、胺基酸、咖啡鹼以及多酚氧化酶等物質被混在一團，因此發生茶多酚被氧化等一系列生化反應。茶黃素等色素類物質、大量的香氣物質都是在這個過程中形成的。

有酶類的參與，生化反應速度是很快的，但會積累大量的反應產物，比如香氣物質，則反應不可能快速完成，因為反應的底物在茶葉中是有限的。怎麼辦？茶鮮葉中含有多種物質，一個反應的產物，往往是另一個反應的底物，那等到這個反應積累足夠多的產物時，另一個反應就又可以發生了。這點與GABA茶加工時一樣，即兩次真空厭氧處理之間一定要讓茶葉暴露在空氣中一段時間，為的就是積累反應底物麩胺酸。這樣就好理解，為什麼烏龍茶做青一定要一次次地做，兩次之間要攤那麼久。

做青問題一直裝在頭腦中。一次也是晚上在學校散步，我突然想到，能不能將間斷的一次次做青變為連續地完成呢？無非就是在一段比較長的時間內（數小時）對茶葉造成一定程度的損傷，傳統的做青是由間斷的幾次完成，如果慢慢地連續地完成，這從烏龍茶加工的生化反應原理上來講，應該是可以的啊！於是從潮州定製了一臺竹筒式搖青機，將之前做的平面振動式做青機的全自動控制系統安裝上去，安排碩士研究生成晨做這個試驗，並且馬

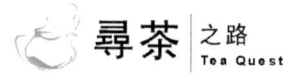

上採來茶葉開始做，晚上我自己也睡在辦公室，定時觀察茶葉的變化。成晨的試驗做得很認真，兩年多的時間，做了不少摸索。事實證明，採用這種連續慢速做青方法，不但機械設備簡單，而且做青效果很好。可以根據不同季節、不同茶樹品種調節轉速以及轉動的起止時間，達到最佳的做青效果。

紅茵為何物

　　潮州鳳凰山、饒平，梅州豐順、大埔，以及相鄰的福建平和等地的山裡生長著一種野生茶樹，芽葉有的紫紅、有的綠色，當地老百姓叫做「紅茵」、「白茵」。剛做出的茶，味道很苦，因此，習慣喝陳年老茶，尤其是常年住在船上以打魚為生的「蛋民」①，更是嗜愛紅茵茶，把它視作去除濕氣、保持健康的靈丹妙藥。

　　紅茵在當地的山上及茶園裡很容易見到。2011年暑假，我帶著我的2008級茶學班到大埔縣飛天馬茶葉公司開展畢業實習，見到公司特意把當時新開種幾年的茶園裡的原有野生茶樹保留了下來，便問當地人那是什麼茶。他們說他們年年春天進山裡就是採摘這些野生茶樹葉子回來加工綠茶，存放幾年再拿出來喝，這叫紅茵茶。後來，2005級茶學大學生韋智獲畢業後回到鳳凰老家從事茶產業，他在饒平縣租了一片山地開作茶園，說這片山裡有很多紅茵野生茶樹。我囑咐他保留一些，後來幾次到他那裡

---

　　① 蛋（ㄉㄢˋ）民：指中國南方沿海地區的部分少數民族，主要生活在廣東、廣西、福建、海南等省份的水上和沿海地區。——編者注

紅茵古茶樹

去看茶樹、採標本。

紅茵茶為何物？它與單叢茶這樣的普通茶樹到底是什麼關係？當地茶人有不同說法，有的說是單叢茶樹祖先，有的說與單叢茶樹沒有關係。

2015年1月4日　週日　晴　上班

韋智獲寄來饒平野茶枝條和花、果。饒平野茶花1～3朵腋生，子房有毛，花柱無毛，頂端3淺裂。花柱略低於花絲，花絲長1.2公分，無毛，花瓣7，無毛，萼片5，0.5公分長，綠色，下部重疊，上部離生，裡面有茸毛，外面無毛，有睫毛，宿存。外層花絲下部1/3連生，該處與花瓣連生，內部

花絲離生，花絲無毛。花冠白色，直徑1.6～2.5公分，花柄長0.6公分。果皮綠色，有皺縮，厚0.14公分；果徑1.8～2.0公分，3室，有中軸。種子2～5個，半球形，粒徑1.5公分。小喬木，幼嫩芽葉略有茸毛，葉長8～13公分，寬2.5～5.0公分，長葉形，葉緣鋸齒較淺，葉色深綠，芽紫紅或綠色，葉脈網狀，8～9對。查張宏達、閔天祿山茶屬植物分類書，與毛蕊茶較為一致，但毛蕊茶的花果很小，果1室。而這個標本茶果與普通茶一樣大，3室。估計是毛蕊茶或毛蕊茶與茶自然雜交後代。

2015年1月14日　週三　晴

老許從鳳凰山寄來野生紅茵茶枝條，有花，花比饒平的略小，萼片及花柱、子房結構都一樣。

對紅茵茶樹進行植物學鑑定後，撰寫成小文《潮州「紅茵」茶樹的物種鑑定》，發表在《茶葉通訊》2016年第4期上，文章將「紅茵」茶樹鑑定為山茶科山茶屬後生茶亞屬毛蕊茶組的長尾毛蕊茶。在分類系統中，紅茵茶樹相對於單叢茶樹來說更為演化。

韋智獲是我們的學生，每次有事，一個電話馬上就把交代的事答應下來，辦得妥妥當當。而為了獲得鳳凰山的野生紅茵茶樹標本，老許父子倆專程從饒平家裡騎車到鳳凰山，在朋友家裡住幾天，頗費了一番功夫才找到。他們都從不求任何報酬，在這裡只好用一聲謝謝聊表心意。後來幾年，老許父子費盡艱辛陸續從鳳凰山、饒平、豐順等地幫我收集了一大批紅茵茶樹資源，這份無價的情誼以及對一個茶學專家的毫無保留的信任，更非區區兩個謝字所能表達得了。

飲茶粵海

引種－ 回遷鳳凰水仙

　　早在湖南省茶葉所工作的時候，有一次到長沙縣春華山茶場，宋廠長就指著場裡一塊茶園說，這是鳳凰水仙茶。我一看，與周邊茶園比，這片的茶葉比較黃，除此沒有留下其他印象。聽說茶葉所也種過鳳凰水仙茶，在扇形山，好像早已經挖掉了。調入華南農業大學工作後，經常到陳國本老師家去聊天，一次說到長沙的鳳凰水仙茶，他笑著說，那是他1950、1960年代的時候建議湖南省農業廳從鳳凰山引種的，那時鳳凰山還屬於饒平縣管轄，當時的目的是為了提升湖南紅碎茶的品質，同時引到湖南省的還有雲南大葉種。不過雲南大葉種特別不耐寒，基本都過不了湖南的冬天，而鳳凰水仙茶種中有相當一部分抗寒性較好，因此，在湖南存活下來了。

　　發現了這件事的起因竟然與陳老師有關，我的興趣也隨之被調動起來了。馬上聯絡湖南省茶葉所的同事老余，請他去了解鳳凰水仙茶的情況。結果，經他打聽，金井茶場還有一小塊茶園，而且正準備挖掉改種新品種。得知消息後，我急忙趕回長沙，約上老余直奔金井茶場。茶場范場長是老熟人，聽我們說明來意，請我們喝了一杯金井綠茶後就帶我們來到一塊小三角地茶園邊。當然，我一看就認出來了，黃綠的葉片在太陽光下特別光亮，是鳳凰水仙茶樹。因為準備要挖掉，茶園沒有修剪，裡面走人有點困難。范場長介紹，鳳凰水仙茶種引種到茶場後，冬天凍死了一部分，存活下來的種在一起，就是看到的這塊茶園。我們逐株地進行了觀察，看長勢、看葉質、看葉色，憑著

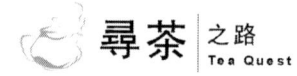

選種經驗篩選標記了二十幾個單株。與范場長說好,請他暫時將這塊茶園保留下來,優選單株留穗條做扦插。金井茶場有著一流的生產條件和管理技術,范場長從年輕時就在這裡工作,是技術能手,做事又認真負責,扦插就請他負責安排了。

一年多以後,長勢很好的二十幾個新品系的扦插茶苗被運到學校,我們找了一塊好地,安排了對照品種,布置成一個性狀觀察圃。初步的性狀調查表明,二十幾個品系中,將近1/3品系的茶花子房無茸毛,這與我們在鳳凰山老茶樹上觀察的結果一致。50多年前這批鳳凰水仙茶被南茶北引到湖南長沙,50多年後的今天,它們又被回遷到故鄉廣東。湖南、廣東以南嶺山脈相隔,氣候差異巨大,這批品系在他鄉湖南要生存下來,本身具備了一定的抗寒性,再經受了50多個寒冬的鍛鍊,抗寒方面應該得到了較大的提升,如今,3個優質抗寒茶樹新品種已在申請新品種權保護。

潮州工夫茶與中國茶道

單叢茶的製作技藝與武夷岩茶存在傳承關係,武夷岩茶是師,單叢茶是徒;潮州工夫茶與武夷工夫茶沖泡技藝也存在著淵源關係,我認為,兩者有相互影響的可能,但潮州工夫茶自有其悠久的歷史,經歷代演變發展為完整而精湛的程序,是中國茶道的代表之作。

清乾嘉詩人袁枚70歲時遊武夷,對武夷茶讚不絕口,在他的《隨園食單・茶酒單》中留下了一段活靈活現的文字:「僧道爭以茶獻,杯小如胡桃,壺小如香櫞,每斟無

飲茶粵海

一兩，上口不忍遽咽，先嗅其香，再試其味，徐徐咀嚼而體貼之，果然清芬撲鼻，舌有餘甘。一杯以後，再試一二杯，釋躁平矜，怡情悅性……」

與袁枚同時代的夢廠居士俞蛟，在他的《潮嘉風月》中對潮州工夫茶的器具及沖泡記載得更為詳細：「工夫茶，烹治之法，本諸陸羽《茶經》，而器具更為精緻。爐形如截筒，高約一尺二三寸，以細白泥為之。壺出宜興窯者最佳，圓體扁腹，努嘴曲柄，大者可受半升許。杯盤則花瓷居多，內外寫山水人物，極工致，類非近代物，然無款志，制自何年，不能考也。爐及壺、盤各一。唯杯之數，則視客之多寡。杯小而盤如滿月。此外尚有瓦鐺、棕墊、紙扇、竹夾，制皆樸雅。壺、盤與杯，舊而佳者，貴如拱璧，尋常舟中不易得也。先將泉水貯之鐺，用細炭煎至初沸，投閩茶於壺內沖之。蓋定，復遍澆其上，然後斟而細呷之，氣味芳烈，較嚼梅花，更為清絕……」

兩段文字比較可知：（1）清初武夷山烏龍茶已經相當成熟，品質優異，遠在潮州的茶葉消費者，喝的也是武夷茶；（2）清初的潮州工夫茶，其器具與沖泡程序已經十分成熟，這種成熟沒有一個十分漫長的過程是不可能完成的。而對於武夷茶，文章高手袁枚對茶的香和味寫得絲絲入扣，但對器具及其沖泡過程只寫了「杯小如胡桃，壺小如香櫞」十個字。顯然，除了杯子和茶壺很小之外，沒有其他奇特的地方讓他記下來。因此，我認為，潮汕工夫茶應該早於武夷茶沖泡方法的形成，或許武夷茶的沖泡技藝還師承了潮州工夫茶。因為，潮州和武夷之間茶商來往頻繁，很容易將飲茶的方法傳播過去。

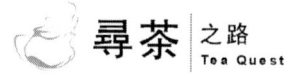

其次，潮州的工夫茶也處在一個自我發展的過程之中，與清末民初時期翁輝東《潮州茶經‧工夫茶》相比較就會發現有許多不同，從清初到中華民國，工夫茶的程序越來越複雜、講究。其中最突出的一點，如俞蛟所說，清初的工夫茶，茶杯的使用沒有定數，視客人的多少而定，後來，杯子固定為3個，根據客人年齡、輩分、資歷依次輪流飲茶，每輪篩茶之間則增加了滾杯這道程序。圍坐飲茶，無論人數多少，大家依次輪流共用3個小杯，能夠增進彼此之間的親密關係，反映出工夫茶的一個「和」字。無獨有偶，日本茶道也講究共用一個大茶碗，其意義也在於讓客人之間的關係更為融洽。

三人成眾，與一般的日常飲茶不同，潮州工夫茶是一個集體活動。除了基本的解渴功能以外，工夫茶更具備了促進人與人交流、溝通的社會功能。

茶道一詞最早出現在中國中唐時期。僧人皎然《飲茶歌誚崔石使君》詩云：「三飲便得道，何須苦心破煩惱……孰知茶道全爾真，唯有丹丘得如此。」在詩中，皎然提出茶道返璞歸真，是破除人生迷茫與煩惱，通往快樂仙界的便捷途徑。稍晚於皎然的封演，在他的筆記《封氏聞見記》中寫道：「楚人陸鴻漸為茶論，說茶之功效，並煎茶炙茶之法，造茶具二十四事，以都籠儲之……又因鴻漸之論廣潤色之，於是茶道大行。」

潮州工夫茶有悠久的歷史，有固定的器具、規定的程序，有使人心曠神怡的效果，有促進和諧、融洽關係的社會功能，我認為，潮州工夫茶是中國茶道的遺存與代表。

這裡順便講一下「茶藝」與「茶道」。茶藝是指把

飲茶當作一門藝術，而所謂藝術，則是指藉助一些手段或媒介，塑造形象、營造氛圍，來反映現實、寄託情感的一種文化。表演藝術的人除了自身在表演過程中得到薰陶、享受之外，更重要的是，透過他的表演，讓觀眾得到薰陶與享受。茶道則是把飲茶看作是一種悟道的過程，而所謂道，則是指事物變化運動的規律。事物的發展千變萬化，因此，悟道也就是認識我們的世界與人生。在茶道這裡，沒有表演者與觀眾之分，小小茶室中，泡茶之人與飲茶之人的精神融為一體，在裊裊茶香與細品慢嚥之中共同感悟世界，通透心靈，剔除煩惱。

　　顯然，當今中國既有茶藝也有茶道。那種端坐高臺、身著彩服，於飄飄仙樂中款款泡茶的，是茶藝。而像潮州工夫茶這樣，三五友人圍坐，品茗談天的，應該近於茶道。至於說純正的中國茶道，隨著中國物質、文化的不斷發展，我相信，在不久的將來一定會獲得全面的挖掘、整理與重生。

中國茶道的精神

　　中國是大陸國家，古人基本沒有航海經商的冒險經歷，這與西方海洋國家如希臘有本質區別。大陸的自然環境條件，決定了古代中國的「農耕文明」。稍有農事經驗的人可以設想，在古代一無良種，二無良法，再加上天災與戰爭，農業生產基本上靠天吃飯，生產效率十分低下。為了活命，勤儉節約的觀念便深深扎根在中國人的思想中。

　　中國思想的第一大源頭是儒家。儒家的代表人物之

尋茶之路 Tea Quest

一孔子出生於前551年的魯國。《詩經》形成於孔子時代，描述人類早期農耕文明的美好畫面一幀幀鋪展於書中。「參差荇菜，左右流之，窈窕淑女，寤寐求之……參差荇菜，左右採之。」、「采采卷耳，不盈頃筐，嗟我懷人，寘彼周行。」農耕文明必定孕育出勤儉的農耕思想。《論語》是儒家的經典著作，其中，有關「節儉」的論述多處可見。「子曰：道千乘之國，敬事而信，節用而愛民，使民以時。」、「子貢曰：夫子溫、良、恭、儉、讓以得之。」、「子曰：君子食無求飽，居無求安。」、「子曰：賢哉，回也！一簞食、一瓢飲，在陋巷，人不堪其憂，回也不改其樂。賢哉，回也！」

道家也是中國思想的重要源頭之一。道家崇尚自然，主張清靜無為。與儒家的入世相比，道家採取的是避世態度。在「儉」的方面，道家則走得更遠。《淮南子》說道家「全性保真，不以物累形」。完全不談物質享受，道家甚至認為物質是人類的累贅。至於釋家方面，在它的發源地印度，本就有甘作苦行僧的沙門，傳往中國後，慢慢演變分化為各派禪宗。唐代江西奉新的百丈禪師倡導「一日不作，一日不食」的儉樸的農禪思想，將禪學與日常生活結合起來，影響至為深遠。

中國茶葉興起於唐代，中國茶道也起源於唐代。西元760、770年代，陸羽《茶經》問世。開宗明義，《茶經》「一之源」中即寫道，精行儉德之人，若熱渴、凝悶、腦疼、目澀、四肢煩、百節不舒，聊四五啜，與醍醐、甘露抗衡也。茶葉與醍醐、甘露在價格上無法抗衡，一賤一貴。顯然，只有懂得精行儉德的人才會重效果而不重價格，將他們並列在一起；只有精行儉德之人才能品味

茶之三昧。那麼，茶葉在解渴去痛等功能之上，便具有塑造精行儉德之人，進而建設崇尚精行儉德品質的社會的偉大意義。因此，精行儉德是中國茶道的精神。

連南的瑤族

　　連南位於廣東西北部，與連州、陽山、懷集以及湖南江華接壤。這個廣袤多山的縣域，秦時屬長沙郡，漢代屬桂陽郡，說明秦漢之際這裡發生往來連繫的更多的是南嶺以北的地方。連南自三國、晉朝併入始興郡，行政上開始進入嶺南地區的管理。

　　聚居在連南的瑤族，有「排瑤」和「過山瑤」兩個支系。

　　排瑤聚寨而居，房屋依山而建，遠望層層疊疊，如排似列，故名「排瑤」。連南的排瑤主要分布於南崗、油嶺、軍寮、橫坑、裡八峒、馬箭、火燒坪、大掌等八個大排上，所以當地有「八排瑤」的稱呼。翻開《連南縣志》，從宋代到中華民國漫長的1 000多年，瑤民的被逼造反與封建政府的瘋狂鎮壓幾乎塞滿了各年分的大事記。想當年，這些寨子就是戰場，為了民族的生存，刀光劍影中多少英雄好漢在這裡橫空出世！

　　「過山瑤」因其祖先長期砍山耕種、遷徙無常而得名。「過山瑤」是真正的山中隱者，常年全靠拿一些山中的特產如茶葉、蜂蜜、玉米、甘薯等與山下的人們進行交易為生，每到一處，他們便種植茶樹、玉米、甘薯這些農作物。盧梭在《社會契約論》中對土地的最初占有者做過精闢論述：「要認可對於某塊土地的最初占有

者的權利，必須具備三個條件：第一，這塊土地還不曾有人居住；第二，人們只能占有為維持自己的生存所必需的土地數量；第三，人們占有這塊土地不能憑一種空洞的儀式，而是要憑勞動與耕耘。」並沒有受過盧梭思想的啟蒙，古代「過山瑤」占有山地的方式卻是中規中矩。第一，他們所到之處是深山老林，以前無人居住；第二，他們在這塊土地上的收穫，也僅僅是維持生計而已，就如西方人說的 keep body and soul together；第三，他們憑的是刀耕火種這種莊嚴的方式占有山裡的土地，更是值得尊重與肯定的。

現在中國南方的深山幽谷中偶爾能發現成片的大茶樹，顯然這不是野生狀態的茶樹，這些古茶樹應該就是古代瑤人的傑作。廣西金秀共和、廣東韶關曲江的羅坑、潮州鳳凰山石古坪、湖南江華兩岔河這些地方都留下了古代瑤人種茶的歷史痕跡。因此，瑤族是中國古代傳播茶樹種質資源的主要民族之一。

據古籍記載，連南的瑤族主要來自湖南，也可能少部分來自廣西。清同治袁泳錫的《連州志》中有「猺本盤瓠遺種，產湖廣溪峒間，即古長沙黔中五溪蠻也，其後生息繁衍，南接二廣，右引巴蜀，綿亙千里，在連者為八排猺峒，崇山峻嶺，錯處其間」的記載。本地瑤民的族譜多有記載，他們的祖先來自長沙、道縣、江華等地。

南嶺山脈分布著眾多的茶樹資源群落，廣東省連南瑤族自治縣地處南嶺山脈的萌渚嶺南麓，以「連南大葉茶」著稱。2015年8月12日，在韶關市曲江區羅坑鎮參加完茶葉活動後，一起參會的廣東省文聯李副主席提出能否到

飲茶粵海

她的老家連南去看看茶葉。我也正好想去看看連南大葉種茶樹資源，於是，和一道參會的華南農業大學農史專業教授倪根金連夜驅車前往連南。韶關到連南，行走在湘粵邊界，一會湖南一會廣東，約莫兩三小時的車程，半夜我們到了連南縣城。13日黃副縣長陪同到渦水鎮馬頭衝①看古茶樹，這裡寨子的周圍有成片的大茶樹，直徑一般在20公分左右，葉片大，微有茸毛，個別甚至屬特大葉了。其中有一株古茶樹基部直徑約40公分，是這片古茶園中最老的一株。這片古茶樹許多遭受蟲害，天牛等蛀心蟲掏出一堆堆的木屑，危害十分嚴重。晚上回到縣城，縣裡送了我們一人兩本縣志，第二天早餐時，倪根金教授說這片古茶園可能為康熙年間種，因為縣志記載「康熙四十五年（1706年）李來章勸諭瑤民栽種茶樹、桑柘、椒椿」。看來，倪教授晚上已經把厚厚的兩本縣志都翻了一個遍。下午到縣城茶莊喝茶。用連南大葉茶種做的紅茶，滋味比較醇厚，香氣中帶有甜韻，惜有高火味，加工有待改善。邊喝茶邊與黃副縣長談起渦水的馬頭衝建得很有意思，一個寨子一座山，從山腰到山頂全是一排排的房子。在座的本地人大概認為我少見多怪：「馬頭衝還不算，你們到油嶺、南崗這些寨子去看看就知道了。」14日，我們參觀了油嶺、南崗兩個古寨。這些排瑤古寨依山勢而建，青磚青瓦的房屋有如一條條長龍，排排重疊，整座大山就是一個寨子，站在對面山上，一眼望過去，那種氣勢真是攝人心魄。試想要在晚上，對面的滿山燈火一定會讓人神情恍

---

① 馬頭衝：指的是一個小山谷或溪流流經的地方，位於一些地區的鄉村或山區。——編者注

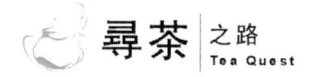

連南瑤寨

惚，這是在天上還是在人間？

走近寨子，才發現裡面寂靜無聲，很少有人出入。一棟棟房屋靜立著，地坪長滿了雜草，藤蔓爬進了門窗。「漸黃昏，清角吹寒，都在空城」，姜夔的《揚州慢》不知不覺地浮上耳邊。油嶺寨子曾經是公社所在地，油嶺公社的牌子還依稀可見，可以想見當年人聲鼎沸、熙熙攘攘的光景，如今人去樓空了。陪同的縣文聯羅主席和農業局羅副局長說，現在這裡的瑤胞大多在山下的城鎮購買了房子，過著外面的生活，只是種植和收穫莊稼的季節來寨子裡住住，空置的寨子已經有老闆看中，準備作為特色旅遊項目來開發。

連南的茶葉

茶葉是連南的重要出產。1996版《連南縣志》記載：「康熙四十五年（1706年）李來章勸諭瑤民栽種茶樹、桑柘、椒椿。」1928版《連山縣志》記載：「大旭、大龍、金坑等茶葉向盛。」中華民國版《連縣志》記載：「茶葉產量以大龍最多」，並把黃連茶作為地方特產單條列載。1940年茶葉總產550擔[①]全數輸出。主要產地以菜坑、馬頭衝、必坑、大龍、金坑、內田等最多。1949年後茶葉生產得到恢復與發展。茶園面積1978年達到10 236畝，茶葉產量1979年曾達到84噸。全縣12個鄉鎮有7個鄉鎮（大麥山鎮、寨崗鎮、寨南鄉、盤石鄉、大坪鄉、山聯鄉、金坑鄉）主產茶葉。在大麥山鎮

[①] 擔為非法定計量單位，1擔＝50公斤。——編者注

的黃連山、寨南鄉的板洞、金坑鄉的大龍山等地，都分布有面積較大的野生茶樹資源。連南各地栽培的茶樹品種幾乎全是連南大葉種群體，製作紅茶品質優異。黃連紅茶1959年在廣交會上展出，獲中國茶葉進出口公司獎勵，由英國商人購去倫敦展出，被認為可與斯里蘭卡紅茶相媲美。

連南縣城建有瑤族博物館，裡面收藏了很多瑤族衣服，足可以作為瑤族歷史以及服飾研究的材料。不過最吸引我眼球的還是博物館陳列的一套當地農家製茶設備。這套設備包括盛茶用的竹籮、壓茶用的木桶等，顯然這不是一套齊全的加工設備，但從中可以看出古代的連南瑤家製作的是緊壓茶。

後來，經向多位瑤族老人了解得知，傳統的連南茶是綠茶，經過汽蒸後入模，加壓而成圓形的餅茶，製作完成後放入樓上倉庫或者置於火炕上頭，可以存放多年，茶湯越陳越紅，陳年的連南茶在瑤家被視作消滯止痢的藥物。所以，經過陳放的連南老茶就是黑茶了，與普洱茶、六堡茶一樣。

與廣西大瑤山一樣，在廣東連南、連州、乳源以及曲江羅坑這些瑤族地區調查研究時，都發現當地有製作這種陳年老茶的做法，並視之為藥。在潮州、梅州、河源等地也十分重視陳年單叢茶、陳年客家炒茶的藥效。避開當今市場人為炒作陳年茶不說，兩廣地區，尤其是瑤族老百姓對陳年老茶一直以來十分鍾愛。那麼，陳年老茶到底有哪些藥效？這值得深入研究。瑤家的生活自古便離不開茶，他們的居住地又變化不定，這樣，無形之中，他們的遷徙就促進了茶樹資源的傳播。

連南尋茶

2015年下半年開始，先後幾次帶研究生及其他幾位老師到連南考察茶樹資源，由於就在本省範圍，每次都是自己開車前往。到連南幾次，幾乎都碰到大雨，2015年11月那次，從黃連村調查完，返回縣城，我開著車行走在公路上，感覺到了什麼是瓢潑大雨，視野裡除了雨水，什麼都看不見。非常危險，只有提醒自己慢慢走，能開的燈都打開。雨天的山路異常滑溜，帥小夥李華鋒大概是很少走這樣的路，在黃連村一連幾次滑倒，每次都引來大家的哄笑。大龍與湖南江華接界，對於連南來說，是個世外桃源，是我們考察的最偏僻的點。請來的當地嚮導的老房子在山裡，靠近茶園，更是偏遠。房子平日無人居住，2016年4月我們去的時候正好趕上大雨，於是就在堂屋裡燒火烘乾衣服。這次同行的有晏嫦好老師和曾雯、李華鋒、莫嵐，大家坐在屋裡，饒有興致地看著門外屋簷上落下的雨簾。眼前是一簾春水，遠方是茫茫蒼蒼的大山，大家拍下了一張張終生難忘的照片。

平日寂靜的山中茅屋，有人就有不一樣的風景。我的家鄉是湖南汨羅，因此對於那個年輕時下放汨羅，後來在文壇上打拚了幾十年又回到汨羅定居的作家韓少功的書情有獨鍾。他的《馬橋詞典》、《山南水北》，我已買回來多年，也不知看過多少次了。最近，正好又抽出《山南水北》睡前翻看，書裡一張作者下放汨羅時拍攝的知青茶場宿舍的照片對於我是再熟悉不過了。因為我小時候，屋場後面就有這麼一個知青茶場，那房子簡直是一模一樣的，

尋茶之路 Tea Quest

左起：李華鋒、晏嫦妤、黃亞輝、曾雯（另外兩人為嚮導）

也是我打醬油、買肥皂、看電影、採茶葉經常去的地方，那裡的男女知青穿著洋氣，吃飯不用自己做，有食堂。所以，在我們農村小孩的眼中，那個茶場就是活力四射的城裡的樣子了。一晃幾十年過去了。前幾年有年清明節，我們兄妹幾個回老家給父母掃墓後，又一道在村邊走了一圈，原來綠油油的茶園不見了蹤影，明明記得是採過茶的地方現在是一片杉樹林，再往前走，有牆立在那裡，爛瓦滿地，應該是原來的場部了。印象中熱熱鬧鬧，人聲、機器聲響成一片的場部早已不再，那一刻只有北風吹過，寂靜無聲。記憶中高中語文課本有一篇茅盾的《風景談》，光禿禿的黃土山，有了人就有了風景，人是風景的製造者。

左起：李華鋒、曾雯、晏嫦妤

2015年10月27～29日　大雨
　　開車到連南出差，與曾貞、晏嫦妤、楊家幹、李華鋒一起。28日到渦水馬頭衝村採13株樣品。

2015年11月15～17日　大雨
　　開車到連南出差，同行的有曾貞、晏嫦妤、滕杰、李華鋒。到大麥山鎮黃連村調查資源。這個村有古茶園兩三百畝，今年5月臺刈過，枝條很好。

2015年12月15～17日　晴
　　開車到連南出差，與張靈枝、晏嫦妤、滕杰、楊家幹一起。15日下午和農業局黃站長到大古坳村，他們準備在這

裡開墾130畝山地種茶，縣裡通過項目後補形式每畝補助1 500元。16日到大龍村，靠近江華，調查群體品種老茶園。這裡的茶樹有近半是中小葉類型，與黃連村、渦水村的明顯不同。採枝條回學校觀察及扦插。

2016年4月6～10日　　大雨

開車到連南出差，同行的有晏嫦妤、曾雯、李華鋒、莫嵐。7日到黃連村，去年掛的牌全被村民取走，於是重新選定單株，剪枝帶回。8日到馬頭衝村，掛牌還在，直接剪枝。9日到大龍村，重新掛牌剪枝。9日晚飯到三江鎮農辦主任家裡吃，放了鞭炮，很熱鬧，今天是這裡的三月三，開耕節。10日回校。安排陳師傅帶學生扦插，叫了大學生一起做。

連南茶葉開發得比較早，古茶園多，野生茶樹比較少見，茶樹資源的類型也比較集中。透過調查研究，發現連南境內分布著兩類茶樹資源，其中渦水、黃連、板洞等地，屬於栽培型古茶樹，大葉種，葉片少茸毛，性狀原始，華農212茶樹新品種就是從這裡優選出來的；大龍茶樹資源以中小葉種為主，屬於栽培型茶園，葉片茸毛較多，性狀趨於演化。

曲江的羅坑茶

羅坑鎮位於韶關市曲江區西南部，與英德市、乳源瑤族自治縣等交界，是韶關主要林區之一。羅坑居住著漢瑤兩族居民1萬多人，這裡的瑤族是過山瑤。因地理環境特殊、生態資源保護良好，境內生存著古老的動物鱷蜥。羅坑鎮2013年6月從省級自然保護區升級為鱷蜥國家級自

飲茶粵海

然保護區。羅坑產茶的歷史可追溯到唐代,明代當地風物誌中有零星記載。到了清道光年間,進士黃培崧等編修的《英德縣志》中已有了對羅坑茶的具體描述:「茶產羅坑、大埔、烏泥坑者,香古味醇,如樸茂之士,真性自然殊俗。」

羅坑境內山林廣袤,連綿峻嶺中散落著不少野生古茶樹。正是這些珍稀的野生茶樹使羅坑茶葉近年來出了名,而說到近年羅坑茶的出名,有一個人不得不提,他就是黃桂祥。

黃桂祥是羅坑人,在廣東省直機關工作,但他情繫桑梓,對當地野生大茶樹有著特殊的情感。

羅坑的自然生態環境優越,有珍貴的古茶樹資源,土壤有機質含量豐富,適合茶樹栽培等。黃桂祥首先爭取了當地政府的重視與支持,成立了「羅坑茶保護與開發辦公室」,由分管副區長負責。隨後,又倡導在羅坑召開了有11個區直單位參加的茶葉現場會,和有關部門制訂實施方案,將野生茶開發納入「一鄉一品」發展規劃。

黃桂祥愛茶,是那種深入骨子裡面的腳踏實地的愛。羅坑茶產業的發展傾注了他的心血。身處省稅務局機關,他不但懂政策、知鄉情、會協調,而且扎身一線,從山裡到茶園、從市場行銷到茶文化宣傳,幾乎每一個環節都出現他的身影。他不止一次出錢出力,聯絡專家和有關單位。可以說,茶農需要什麼,他就盡力解決什麼。一個一個山頭的茶,甚至一株一株的大茶樹,他都要分開來加工,借此摸清楚這些茶葉的脾氣和性格。哪個山頭的茶特別苦、哪個山頭的茶有岩韻等,他都能如數家珍般地給你

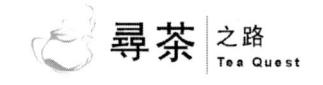

娓娓道來。

艾青有詩：「為什麼我的眼裡常含淚水？因為我對這土地愛得深沉。」黃桂祥愛家鄉的土地，愛家鄉的野生茶，這種大愛時時浸潤在他的詩作中。他出版的詩集《風染層林》中收錄的茶詩就有41首。「山雨雷濤震嶺坳，偷天荷鋤夜修灶。了牘兼耘三更勤，耳冷發直指粗糙。哪疑山中出奇蹟，三月種茶四月炒。人間坎坷成錦繡，一壺春雷愁雲掃。」他的情懷與胸次於詩中可見一斑。

野生茶樹屬於國家二級保護樹種，具有性狀原始、類型多樣、數量稀少等特徵。對於野生茶的開發一定要保持科學的態度，稍有不慎即可導致野生茶樹資源的滅頂之災。2010年，曲江區成立了「羅坑茶保護與開發辦公室」，在小鎮街道及各主要野生茶樹分布山頭豎立宣傳牌，廣泛宣傳國家野生茶樹資源保護的政策、法律，嚴禁偷挖、砍伐和濫採野生茶樹。

對於野生茶樹的保護，羅坑鎮政府的做法有幾點值得推廣。一是廣泛深入地開展了古茶樹保護的宣傳，包括印製宣傳資料，在鎮、村、村民小組等各級會議上反覆強調古茶樹依法保護的意義、目的，在主幹道和進山路口等設立保護宣傳牌等。二是聘請當地村民，對鎮內主要分布有古茶樹的區域進行了初步的摸查、登記、編號等，並專門訂製了保護牌。三是劃分了6個保護片區，每個片區聘請1位管護人，雙方簽訂了《關於管理和保護野生古茶樹的協定》，並給予每年每人管護補貼。

英德野生茶

以前沒想過英德會有野生茶樹。其實，英德地處廣東省中北部，位於南嶺山脈的東南，而南嶺山脈野生茶樹幾乎遍布，那麼為什麼英德就不會有野生茶樹呢？

2017年，一個偶然的機會，我與英德龍潤茶葉公司的梁志宇總經理（梁總）聊起野生茶。他說聽英德本地人說過，英德有野生茶。這就引起了我巨大的好奇心，因為，很可能英德就是離珠三角地區最近的有野生茶樹的地方了。兵馬未動，糧草先行。我先在網路資料庫裡查尋英德茶葉的生產歷史。一般人自然會說，英德種茶，始於1950、1960年代大量從雲南省引種雲南大葉種嘛。其實，英德茶葉的歷史遠不止此。據歷史記載，英德種茶可追溯到距今1 200多年前的唐代。中國第一部茶學專著，唐代陸羽所著《茶經》中「八之出」中載：「嶺南生福州、泉州、韶州、象州……往往得之，其味極佳。」當時英德是韶州的主要植茶之地。又據中國農業科學院茶葉研究所程啟坤、莊雪嵐的研究論證，英德茶葉生產始於唐代，是韶州三個產茶縣（英德、曲江、仁化）之一。不僅如此，最遲到唐代，英德南山已經建有「煮茗臺」，這應該是唐代英德產茶，而且茶葉品質好、名氣大的重要物證。「煮茗臺」此後一直成為嶺南英州六景之一。南宋詩人汪任還留下了詩篇《煮茗臺》：「石梯千級杖藜行，行到山腰足暫停。旋汲靈泉煮佳茗，渴心滋潤困魔醒。」

因此，從歷史資料上看，英德是應該有野生茶樹生存的。於是，做好準備工作，2018年1月，趁著嶺南的涼快天氣，我和妻子曾貞，帶著研究生謝曼衛出發了。1月

尋茶之路 Tea Quest

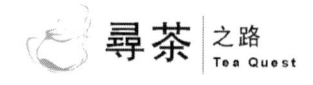

18日到英德，找當地老百姓打聽、了解野生茶樹的情況後，先選擇一個比較容易爬的山頭——欄杆山，19日一早就驅車前往了。山不高，只有600來公尺，不久就見到茶樹了，散生於天然林中，完全沒有人為栽種的跡象，是野生茶樹無疑。快到山頂，見到一株大茶樹，基部直徑近50公分，雖然早已被山民砍伐，但基部樹幹還在，而且從基部長出的新枝直徑也有十幾公分了。

我對樹齡從不妄下結論，但這株茶樹還是生長在山的陰坡，樹齡應該不會太短。這次考察收穫滿滿，山不高，天氣涼爽，人不辛苦。一路上，我們還老是提議梁總把這座山開發成一個野生茶樹公園，珠三角應該有很多的茶葉愛好者願意來這裡徒步。

左起：曾貞、梁志宇（梁總）

飲茶粵海

2018年1月18~19日　週四至週五　晴

18日下午和曾貞,帶著謝曼衛到英德出差,考察野生茶樹,牙婆嶂。19日和龍潤公司梁總夫婦一起上牙婆嶂邊上的馬槽坑,海拔600公尺。從欄杆村往上走,不遠即可見到路邊有小茶樹,爬到海拔300公尺左右,見一棵大茶樹,從基部被砍伐,生出2個分枝,基部直徑約35公分。命名為馬槽坑1號,大葉種。再往上茶樹很多,大葉種為主,稍有茸毛。也有少量中葉種茶樹。到一個叫神仙地的地方,大小茶樹遍布,其中有一株基部直徑約50公分的大茶樹,從基部被砍伐,抽生的枝條長大後又幾次被砍。伐而掇之,山民採茶就是這樣破壞的。馬槽坑茶樹無疑是野生茶樹。採了7株標本。海拔300公尺以下還見到一種葉片像茶葉的植物,未見花果,像糙果茶,本地人稱牛尿茶,也採了標本帶回學校。

在欄杆山採了一些茶樹標本,初步的調查資料在《廣東茶業》2018年第3期上發表了一篇小文章。文章被英德市茶葉界人士看到,一時間,英德有野生茶樹這個話題被大家津津樂道。2018年廣東省大力推動現代農業產業園建設,英德紅茶被列入首批產業園建設項目。應英德市政府的邀請,我們承擔了英德野生茶樹資源考察的任務。

我們經多方打聽得知,英德野生茶樹最多的地方是石門臺、五郎嶂這一帶。問過當地村民,都說那裡很難走,他們春天去那裡採茶要帶足乾糧,經常要在山裡過夜。2018年12月14日,也是涼爽的天氣,我帶著謝曼衛和陳堅升兩名研究生出發了。明知山有虎,偏向虎山行。不入虎穴,焉得虎子。

尋茶之路 Tea Quest

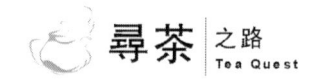

我們這次直奔五郎嶂。就山高來說，英德的山不算高，五郎嶂海拔只有1 100公尺。我們登過雲南海拔2 000多公尺的滑竹梁子，爬過廣西海拔1 450公尺的大瑤山和海南的五指山、鸚哥嶺，但就難度而言，這次英德的五郎嶂是我爬過的最難爬的山。山沒有路，人在多年的山水沖成的石頭縫裡爬行，石面光滑，再加上一層青苔，必須手腳並用。

左起：黃亞輝、黃慧馨、嚮導、謝曼衛

上山難，下山更難。上山途中，平日愛打球鍛鍊身體的農業局藍副局長腿抽筋，但仍然一直咬牙陪我們同行。下山的時候，我也受了傷，左腳大趾甲斷裂。城裡長大的陳堅升也夠嗆，基本是坐在石頭上挪下來的。只有謝曼衛厲害，畢竟是貴州山裡的孩子，我們幾個從山上下來時，他已經在山下等了將近一小時了。

2018年12月14～15日　　週五至週六

　　帶著謝曼衛、陳堅升一道，到英德調查野生茶樹，租了盛師傅的車。15日一早爬五郎嶂，屬於石門臺森林公

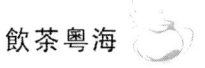

園。同行的有英德農業局藍副局長、郭主任、小黃及小張，另有本地嚮導3名。山非常難爬，很陡峭，石面溜滑，路遠。茶樹在離峰頂100餘公尺的一個小平臺的下方，沿石縫下去，一路陰暗無光。茶樹生長於此，長速一定很慢。該群體呈垂直分布，約有上百株茶樹，根據葉形判斷，群體變異不大。葉大，深綠，革質，厚，花為正常茶樹花，偶有2裂柱頭。樹普遍不大，最大的基部幹徑23公分，高的10公尺左右，有些被砍斷。共調查8株茶樹，剪取枝條準備做標本及扦插。嚮導幾次催我們下山，下午兩點二十分往下走，五點半左右到達山下。以前爬山從沒有這麼辛苦過，尤其開始的200公尺，人手腳並用，喘不過氣，筋疲力盡，只想放棄，但依然咬牙堅持下來。下山時左腳大趾甲折斷，極痛。

　　冬天爬山，畢竟天公作美，涼爽。但要採摘生化成分樣茶，還必須得春夏季上山，因為這時才有嫩葉。廣東的氣候雨旱兩季分明，基本春節一過，雨水便來了。進入2019年春季，我們便天天關注英德的天氣，結果整個春季，天天暴雨。我們心急如焚，有幾次準備豁出去，冒雨上山。與英德市農業局聯絡，次次被他們拒絕，山高路陡，無論如何不能冒雨登山。一直等到了7月，雨才停住。該做的準備工作早已做好，於是爬山取樣。福州市出生的研究生鄭佳嫄平日愛健身，我問她行不？她答得很乾脆：「可以去。」最能爬山的謝曼衛自然必不可少，由於工作量大，我還叫上了管理學校茶園的小陳師傅。7月的廣東，大地就是一個蒸籠。我自己爬的是最容易爬的欄杆山，但爬了只一小段，便頭昏眼花，我想停停再堅持往上

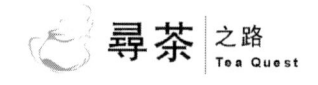

爬，但還是不行，從未出現過這種狀態。我不相信是年紀大了，才50歲嘛。可能天生怕熱，連續幾個月的暴雨，現在太陽曝曬，實在太熱了。

2019年7月13日　週六　雨

中午去英德，一起同行的有謝曼衛、鄭佳嫄以及管理學校茶園的小陳師傅，租了盛師傅的車。去橫石塘鎮請4個村民上五郎嶂，採野生茶樹枝條。晚飯和農業局藍副局長、郭主任一起在積慶裡吃，藍副局長幫我們請了欄杆山村民苟師傅帶路。

2019年7月14日　週日　五郎嶂下雨、欄杆山陰天

一早開車到欄杆山下，苟師傅帶隊爬山。爬了大約100公尺，我頭暈厲害，由積慶裡小陸陪同下山到英州紅公司休息。這是以前從未出現的情況。其餘人繼續爬山。下午兩路人馬都安全下山，一共採了50株野生茶樹枝條。當晚回學校。

一番辛苦，珍貴的野生樣茶終於製作出來。這個暑假，我們團隊所有研究生幾乎沒人回家，大家加班加點，開足馬力，終於在開學之前將所有的品質生化成分檢測出來了。曾雯、周夢珍帶著所有的數據來到我辦公室，雖然工作完成了，但似乎看不到激動的神色。我問情況，回答說好像從數據中看不出很有特色的亮點。面對這些密密麻麻的數據，我關上門認真分析了兩天。確實從茶多酚、胺基酸、咖啡鹼這些茶葉常規數據來看，英德野生茶樹都處在一個

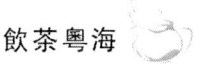

正常的狀態中，既沒有很高的，也沒有很低的。但看到兒茶素單體含量的數據時，EGC（表沒食子兒茶素）的含量引起了我的注意，60份單株的EGC平均含量為4.98%，其中EGC含量超過6%的單株有18個。我知道，全世界茶樹EGC的平均含量約為2%，英德野生茶樹的EGC含量竟比全球平均水準高出一倍以上！須知，紅茶品質的優劣很大程度取決於茶黃素含量的高低，而EGC含量可作為預測茶黃素含量高低的可靠指標。看到這些靜靜地躺在A4紙上的EGC數據，當時的激動心情實在是難以言表的。完全可以預測，英德野生茶樹就是一個適製優質紅茶的自然種群啊。2019年10月22日，帶著曾雯、周夢珍、謝曼衛、羅莉等研究生到英德，參加了在這裡舉辦的中國茶葉經濟年會，我作的《英德野生茶樹資源研究報告》獲得了很好的效果。透過這個報告，來自全國的2 000多位茶界同行第一次獲知英德境內生存著這麼多的野生茶樹，而且，英德的野生茶樹適合高品質紅茶的加工製作。

河源的仙湖茶

2009年春天，廣東省科學技術廳農村處斯恆科長找到我，說他這兩年接手了一項扶貧任務，地點在河源市東源縣上莞鎮的仙湖村，那是個茶葉專業村，因此，想請我一道去看看。

第一次，我跟他一起去，到上莞鎮政府吃過中飯，仙湖村派了兩個騎摩托車的村民來接我們。從鎮政府出來不久就爬山，彎路多，山很陡，上山感覺摩托車勁不夠，騎車的人總是喊我坐前面一點，再前一點。車過半山，有雲

霧，人在雲霧中穿行。到了山頂，再往下行兩三里①，到了仙湖村，去了村支書老曾家喝茶吃飯。

仙湖茶的沖泡很特別，抓一大把乾茶直接放入壺中熬煮，然後一碗碗篩出來，只看湯色就知道，一定很濃。一口下去，滿口苦澀，如飲咖啡，但隨之而來的回甘非常強勁，吸入清涼的山野空氣，口鼻中竟有絲絲甜蜜的感覺。問價格，幾個村民面露喜色：「我們仙湖茶基本不愁銷路，很多人開車到村裡來買茶，一般要六百元②以上一斤。」單看外形，有點吃驚於這個價格，但這是事實，客家綠茶有他特定的愛好者——全球的客家人。曾書記要我看杯底，有些黑點狀的東西，是近年才有的。他們不知道這是什麼，甚至在想是不是空氣裡有什麼汙染帶來的。我提出看看他們的加工場所。

仙湖村的原始製茶設備

客家綠茶的加工應該屬於最原始的綠茶工藝——一炒到底。這點與廣東梅州、揭陽、清遠的綠茶甚至廣州古代的河南茶及古勞茶都有相同之處。老曾的加工廠還擺有古

---

① 里為非法定計量單位，1里＝500公尺。——編者注
② 本書幣值皆為人民幣，1元≒新臺幣4.5元。——編者注

飲茶粵海

董——一臺手工製作的揉捻機，揉筒是木製的，揉盤是石頭銼出來的，揉筒上安了兩個手柄。老曾笑著比畫著這臺揉捻機的工作：兩人相對而立，手握木柄，你推來我推去，形如打太極。山上前兩年才通電，之前的茶一直就是這樣打出來的。客家綠茶殺青用的是大鐵鍋，一鍋二三十斤①鮮葉下去。炒茶用的也是大鐵鍋，自製的兩把鐵鏟在電機帶動下反覆地翻炒鍋中的茶葉，一鍋茶要炒六七小時。我從鍋中快速地抓出一把茶葉，馬上明白了為什麼這幾年茶碗底下出現黑色小點，是這道乾燥工藝磨出來的。鐵鏟與鐵鍋作相對運動，茶葉在中間被反覆擠壓摩擦。之前為什麼沒有？因為之前沒電，是靠人力在鍋中翻炒茶葉。我把想法講出來，他們聽了都覺得很有道理。我同時也建議他們去添置浙江的珠茶炒製機來解決這個問題。吃完中飯我們到茶園轉了一下，這裡茶樹灌木型，小葉類，樹姿開張，從基部開始分枝，葉形以橢圓為主，葉色深綠，葉尖漸尖。與廣東南嶺茶樹群體及鳳凰水仙茶樹相比，這裡的資源十分獨特。這種客家小葉種到底屬於本地原生還是客家先民從外地引入？有待研究。茶樹是穴播的，因為沒有得到合適的修剪管理而沒有採摘面，產量很低。

再喝了一泡濃茶，我們便下山了。坐在摩托車的後面，下山路可謂刺激驚險，非常陡峭的路段感覺車子是懸空飛起來的。雲霄飛車我沒玩過，古人說的「乘奔御風」大概就是這樣。緊緊抓住騎車人，心裡安慰自己，他是本地人，天天爬山，不怕的。

---

① 斤為非法定計量單位，1斤＝500克。——編者注

名曰仙湖必有湖。仙湖在村子前面的山頂上，依據四周地形，仙湖應該是古代的火山口，因此，周圍這片山地均為火山灰堆積而成，與潮州的鳳凰山一樣，難怪茶葉品質優異。

之後的兩三年時間，我和研究生賴榕輝、賴幸菲和趙文霞幾個先後十幾次來到仙湖村。我們主要從低產茶園改造入手對村裡茶葉開展了扶持工作。採取的主要措施包括低產茶園深耕、重修剪、臺刈；低產茶園施肥管理；低產茶園樹冠培養；低產茶園覆蓋或綠肥間作等。經過3年的茶園培育，低改效果十分明顯，實施了低產茶園改造技術的地塊每畝年產鮮葉差不多翻了兩番。

仙湖村低產茶園改造

1. 重修剪（2009年）　離地30～40公分處修剪，修剪枝葉斬斷後隨同茶園施肥一起掩埋。

開溝：離茶行20公分處開溝，約30公分寬、30公分深。每畝施餅肥（菜籽餅、花生餅等）250公斤，茶園複合肥125公斤。施肥後，先將修剪枝葉埋入溝中，再用土覆蓋。

2. 臺刈（2010年）　離地面6～7公分處砍掉樹冠，枝葉斬斷後隨同茶園施肥一起掩埋。

開溝：離茶行20公分處開溝，約30公分寬、30公分深。每畝施餅肥（菜籽餅、花生餅等）250公斤，茶園複合肥150公斤。施肥後，先將修剪枝葉埋入溝中，再用土覆蓋。

南崑山的毛葉茶

大學畢業工作沒多久，大哥黃仲先就送給我一本張宏

飲茶粵海

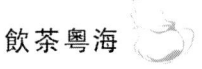

達先生撰寫的《山茶屬植物的系統研究》，是《中山大學學報·自然科學論叢》第一冊。說是做茶樹資源育種研究必讀的書。說實話，在湖南工作的時候，因為看到的茶樹資源非常有限，尤其是厚軸茶、大廠茶等茶組植物更是無從看到，沒有感性認識，所以，對這本書以及後來雲南植物研究所楊世雄老師贈送的閔天祿先生編著的《世界山茶屬的研究》也僅僅是翻過幾次，說不上鑽研深讀。2007年調入華南農業大學，廣東本身茶樹資源豐富，加上氣候條件好，便於保存各地資源，我的茶樹資源研究工作比在湖南時上了一個新臺階，這兩本書也成為我查看最多的工具書了。

張宏達先生撰寫的《山茶屬植物的系統研究》出版於1981年4月，裡面記載了茶組植物的新種——毛葉茶，模式植物發現於廣東龍門縣的南崑山。在1984年第1期的《中山大學學報》上，張先生又發表《茶葉植物資源的訂正》，文中進一步說明毛葉茶葉片不含咖啡鹼，而含有可可鹼。茶葉被中國先民發現，幾千年來，其影響由中國而亞洲，由亞洲而全球，不可否定，咖啡鹼功不可沒。但是，很多人不敢喝茶，因為喝茶影響睡眠，這也是事實，究其原因就在於攝入過多的咖啡鹼會影響睡眠。西方國家百年前即已嘗試用各種方法在加工過程中去除咖啡鹼，但對茶葉風味都有很大的影響。因此，南崑山不含咖啡鹼的毛葉茶資源當然意義非凡。

打聽好毛葉茶的具體所在，聯絡好可以帶路上山的人，直到2010年冬天，我才帶著賴榕輝、張敏和趙文霞等幾名研究生第一次來到南崑山。南崑山最高峰海拔近1 300公尺，但我們到的是海拔600公尺左右的半山腰。

尋茶之路 Tea Quest

廣州一般的平地,極少能看到地面結冰,但在這裡,我們卻看到地面黃土上結了一層厚厚的「狗牙凌」。小時候的冬天,在汨羅天天早上地面上會有這個,最喜歡一腳踢過去。南崑山林場的退休老職工老張多年前就開始把山裡的小茶苗移栽到自家背後的山坡上,如今已經蔚為壯觀,足足有1 000多株大茶樹,仔細觀看,這些茶樹葉片特大、特厚,嫩葉、老葉均有茸毛,與一般茶樹截然不同。老張陪著我們觀看他的得意之作,我則告訴他趕快修剪,壓低樹冠,明年肯定大豐收。這次考察相當於獲得了一座原生境保護的毛葉茶基因庫,心裡別提有多高興了。

左起:賴榕輝、黃亞輝、趙文霞、張敏

由於重修剪,2011年春季老張這裡沒有茶葉,等到9月初開學後,我帶著賴榕輝、吳春蘭、賴幸菲、趙文芳等研究生去了南崑山。吳春蘭的碩士論文研究毛葉茶,自然跟我來得最多,但她暈車嚴重,南崑山山路十八彎,也

真難為她了。經過修剪後，果然這次茶樹長勢非常好，我們一口氣採了53株茶樹的鮮葉，在老張家裡用微波爐就地製成了乾茶樣。人多幹事快，人多更熱鬧。在他們的大師兄賴榕輝的帶領下，同行的幾名研究生玩得很開心，低回輕唱的林間小溪成了他們的樂園，南崑山幽深的山谷間留下了他們年輕人的歡聲笑語。

來南崑山，當然要喝老鄉們自製的毛葉茶，他們把它叫做「百歲茶」或者「毛茶」。也許是毛葉茶味道太過苦澀，當地習慣把做好的綠茶陳放八九年再喝，茶湯這時已是紅濃，味道接近陳年普洱。毛葉茶越陳越珍貴，而且絕不對外出賣陳茶，只自己喝。問過老張，他回答說，南崑山祖祖輩輩，歷來如此。

這10來年，我到南崑山也數不清多少回了。後來，我每次必帶若干種茶葉上山來沖泡，為的就是南崑山的水。南崑山的水是那種溪澗中汩汩流動的山泉水，沖泡出的茶湯活度很好，一口喝進嘴裡，舌面、舌底及口腔中均有無數小氣泡湧動的感覺，是我喝過的最好的水。

2011年9月的茶樣經檢測，絕大部分只含有可可鹼，其含量為1.5%～5.0%。但有3株值得注意：第18株，咖啡鹼1.31%，可可鹼0.38%；第20株，咖啡鹼2.30%，可可鹼1.49%；第42株，咖啡鹼3.09%，可可鹼1.27%。

後來，我們對老張收集移栽的茶樹逐株進行調查發現，光從葉形便可判斷，南崑山除了毛葉茶，還有普通茶樹，甚至從葉形還可看出，這裡還有一部分茶樹介於兩者之間，很可能是毛葉茶與普通茶樹的自然雜交後代。從生

物鹼分析數據便可大概知道，以上這3株就是這樣的雜交後代。作為茶樹的原產地，中國西南及南方多有茶與其近緣茶組植物雜處一處的現象。雲南最常見的是大理茶與雲南大葉種雜處，廣西、貴州最常見的是禿房茶與茶雜處。在廣西金秀我們就發現了禿房茶群體生長的地帶也生存著少量的茶樹，同時，還發現個別茶樹的葉形介於二者之間，這樣的茶樹一般同時含有可可鹼和咖啡鹼，甚至還有苦茶鹼。在雲南麻栗坡，我們也發現了同樣的情況，還有鳳凰水仙茶樹群體種獨特的子房茸毛特徵。這不能不說是一個驚奇的發現，它令人產生許多的遐思與設想：茶組植物從一個共同的原始始祖分化而來，在幾千萬年的漫長過程中，它們之間從來沒有中斷過交配，也就是基因的交流。那當今存在的茶組的這些物種是如何分化而來，未來，這些物種又將何去何從？從我們這個有趣的發現是否可以進行合理的推測乃至研究呢？應該說，在我們接下來的遠緣雜交研究中，茶樹物種的演化規律露出了它的冰山一角。

茶樹遠緣雜交

毛葉茶不含咖啡鹼，是不是意味著無咖啡鹼或者低咖啡鹼茶葉的生產已經成功？不是的。第一，除了毛葉茶以外，不含咖啡鹼或咖啡鹼含量很低的茶樹資源還有禿房茶、厚軸茶等，然而，這些茶有一個共同特點，就是苦澀或者無味。我們進行的成分測試發現，與普通茶相比，這些茶葉的兒茶素種類不全，或者兒茶素含量很低，因此，滋味不好。第二，毛葉茶無性繁殖困難，生長很慢。2011

年11月，我們剪了10個毛葉茶單株枝條帶回學校扦插，結果絕大部分不能生根，這批枝條最後只得到3株茶苗，這3株茶苗生長很慢，移栽後全部死亡。

基於以上情況，顯然，要得到品質好、產量高、容易繁殖的低咖啡鹼茶樹品種沒有那麼簡單。如何做呢？我們想到的是雜交育種，由於毛葉茶與茶不同種，因此是遠緣雜交。幾乎同一時候，我們在廣西發現了大量禿房茶，因此，就分別以毛葉茶和茶、禿房茶和茶進行了遠緣雜交。曾貞在湖南省茶葉所時就在董老師的茶樹雜交育種課題組工作，練就了一手茶樹人工授粉的熟練技能，每次由她帶著研究生進行授粉工作，我們獲得了一批又一批珍貴的後代材料。

先說毛葉茶和茶的雜交，2011年11月我帶著賴榕輝、吳春蘭、趙文霞、黃文定等學生到南崑山，這次帶了金萱等品種的花粉，授粉約100朵毛葉茶花。2012年1月，我和曾貞帶著放寒假的女兒景源來到南崑山，調查發現有約30朵花已經授上。2012年6月，我再次帶吳春蘭等學生到南崑山，調查發現只留下4個茶果。2012年11月我們來到南崑山，發現雜交果實全部爛掉，因此，沒有得到一粒茶籽。反過來，以金萱為母本，毛葉茶為父本的情況好多了：坐果率45.6%，結實率27.75%；成熟種子萌發率達89.3%，茶苗生長健壯。

再說禿房茶與茶的雜交，以禿房茶為母本，坐果率5%，果實發育過程中出現掉果、爛果等夭亡現象，結實率0.5%左右，種子飽滿，但均不能發芽。反之，以金萱為母本，坐果率8.5%，結實率1.2%，成熟種子萌發率達73.1%，茶苗生長健壯。

蔣陳凱在授粉　　　　　　茶與禿房茶的遠緣雜交果實

2011年11月26～27日　週末　雨,晴

　　曾貞培訓學生授粉。開車到南崑山,與賴榕輝、吳春蘭、趙文霞、黃文定一起,帶了金萱品種花粉,授了約100朵花。剪了10個可可茶枝條回來扦插。採了花粉回來授粉金萱。

2012年1月14～15日　週六　雨

　　和曾貞、景源開車到南崑山,進行雜交授粉揭袋,約30朵已授上。

2012年3月27日　週二　晴　乾爽

　　開車帶吳春蘭、賴榕輝到南崑山採樣茶,準備加工GABA茶,看看胺基酸含量如何。個別茶樹葉片有茶泡,去

年冬天看到個別茶樹有大芽頭,完全不像茶,而像樹的。這些都說明毛葉茶跟普通茶樹遺傳關係較遠。

2012年6月29日　週五　晴

和曾貞帶著吳春蘭、趙文芳、劉晏到南崑山採茶,下午回。去年授粉的只得到4個茶果。

2012年11月20日　週二　雨

開車到南崑山,與曾貞、陽杰一起。採了4個單株花,雜交果實全爛了。

2013年4月5日　週日　上班　降溫,乾爽

到南崑山,帶著趙文芳、朱燕、吳春蘭一起採茶。

以金萱(茶種)為母本可以得到部分後代,而以毛葉茶、禿房茶為母本卻不能。說明在物種層面,茶種植物具備接受茶組其他近緣物種基因的功能,而禿房茶、毛葉茶等物種則不具備接受茶種植物基因的功能。從演化的角度看,這種現象反映出茶種比禿房茶、毛葉茶更為演化。對兩個雜交組合進行比較,毛葉茶與茶雜交的親和性遠高於禿房茶與茶雜交,應該在一定程度上反映出毛葉茶與茶的親緣關係近於禿房茶與茶的親緣關係。

毛葉茶與金萱的雜交後代長勢非常旺盛,研究生羅莉以這些植株為材料做了她的碩士論文試驗,因為同時採用了親子代的材料,研究非常有意義。羅莉的研究做得很認真,《茶樹遠緣雜交葉片表型及其遺傳變異的研究》發表

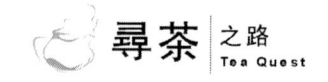

在《茶葉通訊》2020年第4期上。葉片外觀形態方面，子代基本偏向於母本金萱，但植株紫色芽葉明顯增加，葉片角質化程度加重，葉面積加大，這些特徵明顯來自父本毛葉茶。生化成分先後檢測過兩年的樣品，工作量很大。然而，我們最為關注的生物鹼方面，這些F_1代來了一個兼收並蓄，咖啡鹼、可可鹼都有，而且含量都不低。因此，要想得到理想的低咖啡鹼茶樹品種，我們還需努力。2019年我們進行了F_1代單株間的雜交，結實率也很低，2021年牛年大年初五，天朗氣清，惠風和暢，我和曾貞來到試驗地，驚喜地發現，這些茶籽有的已經發出了脆生生的嫩芽了。看來，低咖啡鹼茶樹品種又有希望了！

從我和曾貞來到華南農業大學工作開始，我們便著手進行了遠緣雜交工作，至今連續十餘年了。以下幾點是我們由目前的研究結果得出的：

（1）茶與茶組植物中的近緣種能夠雜交，茶為母本時可以獲得後代，反之，一般不行。這些後代單株之間也能夠進行雜交，但其後代的獲得率很低，依據我們目前的結果，只有5%～8%。因此，自然條件下，當茶與近緣種混生一處時，能夠發生雜交，茶能夠從近緣種中獲得基因，但由於後代獲得率低，茶與近緣種的自然雜交後代大約到F_3代或F_4代數量上便已經接近於零，這是茶組植物物種隔離的特徵。這樣，茶與近緣種均能保持物種的穩定性。

（2）在茶與茶組近緣種混生一處的地域，如雲南麻栗坡、廣南，貴州普定、晴隆，廣西德保、凌雲、金秀，廣東南崑山、從化、仁化等地方，應該存在比較豐富的特異茶樹資源，這些資源是茶與近緣種的自然雜交後代，可能

具備低咖啡鹼、高氮素利用率、抗病蟲害以及其他特異性狀，值得深入細緻地考察分析。

上川島，茶之島

　　提起中國產茶的海島，大家自然會想起海南島，不錯，海南島是產茶。近幾年，我多次到位於海南白沙的天然茶葉公司，在幫他們建新茶園的同時，領教了海南島的陽光、高溫、乾旱及茶樹種植的不易，也曾到過五指山、鸚哥嶺等地幫他們尋找本地資源——海南大葉種。但海南島很大，身處其中，讓人不覺得是島嶼。浙江的舟山群島我沒去過，前兩年讀羅伯特·福瓊的《兩訪中國茶鄉》，他當年就是從舟山登陸中國的，書中記載舟山有茶樹，因此，想必舟山產茶歷史很久了。廣東的海島——汕頭的南澳島我去過，有茶樹，不過這裡的茶樹是1960、1970年代的知青從潮州移種過來的，算不得原產。臺山的上川島產茶，可能知道的人就不多了。

　　2014年1月，學校科技處副處長陳奕找到我，說是臺山一家茶葉公司想請學校專家去指導茶葉加工。於是趕在春節之前，我們去了一趟。去了才知道，原來公司是在島上——上川島，從山咀港碼頭乘船半小時的水路。公司老闆姓盤，是瑤族人，一副精明的樣子。我喊他盤總，他笑著說不要不要，喊阿盤吧，於是後來我就叫他阿盤了。阿盤愛講話，語速快。把我們接上車，便開始忠實地履行一個島民兼導遊的義務了。這裡有上川島還有下川島，介紹上川島也一定要拿下川島作對比。上川島遊客少，安靜，下川島遊客多，鬧哄哄；上川島有眼鏡蛇，下川島沒

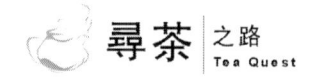

有；上川島有茶樹，下川島沒有……兩個島相距不過半小時航程，還有很多的怪事，反正是上川島有，但下川島就是沒有。首先，就帶我們參觀了一個據說是上川島有而下川島沒有的寶貝——猴子。我們到達一座山前，管理人員一聲招呼，一大群獼猴就從山裡的四面八方踏著樹梢飛奔而下，頃刻間就到了面前。餵了兩包從管理人員那裡得到的食物，然後，阿盤才帶著我們去看茶樹。

上川島的大茶樹

　　樹為半喬木型，葉片中葉到大葉，與潮州單叢茶樹非常相似。茶樹是一個叫高老姆的老婦人從山上逐年移栽下來的，傾注了老人一生的心血。老人現在90多歲還能爬樹

採茶。據說高老姆的子孫都在美國生活,多次想將老人接過去,但她就是不願去。事有湊巧,2017年暑假,我和曾貞到美國去看望在那裡讀書的女兒景源。當時,在波士頓的華農校友熱心地安排了一次聚會。會上有一位校友主動向我介紹他是華南農業大學茶學系畢業的,原來在江門市茶葉公司工作,1980年代移民美國。我一聽,便與他聊起上川島的茶葉,他說他到島上看過茶樹。我問他知不知道高老姆這個人,他說他當時看的就是高老姆的茶樹。

2014年我們前後9次來到上川島,阿盤主要想讓我們給他公司的人員培訓紅、綠茶加工技術。綠茶加工相對簡單,他們比較快地掌握了。但紅茶他們學起來吃力。上川島的茶樹資源適合加工紅茶,我們發現加工得法的話,上川島紅茶是典型的玫瑰花香,茶湯紅豔,濃度好。紅茶發酵是關鍵,這裡的茶發酵速度快,稍不注意,容易發酵過度,出現酸味。

一年九次,不可謂不多。這一年我們的研究生可謂是傾巢而動了,楊家幹、趙文芳、蔣陳凱、李丹、劉自力、朱燕、崔飛龍等先後到上川島,有的甚至去了幾次。次次做茶到深夜,尤其是公司人手不夠,我們的研究生去了往往就被當作工人使用,並且沒有半句怨言。有時我想,在我們團隊讀研究生是比較辛苦的,做資源經常要爬山,做育種經常要扦插,做服務經常要做茶。還好,實踐出真知,年輕嘛,就是要動手學本領的。

2014年1月16~17日　晴

和學校科技處副處長陳奕一起到臺山上川島和古兜

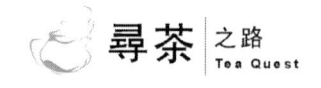

山。上川島有名叫高老姆的老婦人數十年前從山上挖來野生茶種植成一塊茶園，葉片類似單叢茶，樹高4～5公尺，單株間變異很大。到古兜山白雲茶場，茶場除了本地白雲茶以外，還有本地苦茶、雲南大葉種茶、單叢茶及福建、浙江等地茶樹品種。茶樹長勢很好，茶園全部種植鳳凰木，環境優美。

2014年3月13～17日

出差到上川島，同行的有曾貞、趙文芳、朱燕、蔣陳凱。此次上綠茶培訓課，另外，選了20個優良單株，早、嫩、齊、強。

2014年3月25～27日　晴

開車到上川島，同行的有劉自力、崔飛龍。楊家幹翌日到。27日我和劉自力開車回來，家幹、飛龍留下來至週日（30日）再返回。做綠茶、紅茶，綠茶尚可。上川島的紅茶發酵速度很快，用竹簍裝5小時即可，發酵葉成紅銅色，極少青條。

2014年4月11～13日

到上川島，帶著趙文芳、蔣陳凱等。紅茶加工存在的問題比較嚴重，一是萎凋程度不夠，主要因為攤放場地不夠；二是發酵過度，主要由於不能及時烘乾。與阿盤多次講要量力而行，少收鮮葉。

2014 年 5 月 17～19 日

　　開車到上川島,同行的有曾貞、楊家幹、劉自力、崔飛龍。做紅茶兩批,品質好,不苦澀。上次有酸味的茶經過 150℃焙火還可以。

2014 年 7 月 14～16 日　　晴

　　開車到上川島,帶著趙文芳、楊家幹。到公司評茶,一共 62 個紅茶樣,進行了一天,分為兩類:一是玫瑰香茶(做得好的),二是高香紅茶。

2014 年 9 月 11～13 日

　　開車帶著李丹、陳瑩玉、蔣陳凱、楊家幹到上川島,來去因北環修路均耽誤 2 小時。做紅茶一批。

2014 年 10 月 25～27 日

　　開車到上川島出差,帶著劉自力、馬一校、平麗堃。剪 20 株單株枝條回實驗室調查、扦插。教公司人員扦插技術。

2014 年 12 月 9～10 日

　　和學校科技處副處長陳奕一道到上川島。鼻子腫痛,是疱疹。

華農 181 及其他

　　我和曾貞從湖南調到廣東,對茶樹資源育種是抱著很大希望的,因為廣東茶樹資源十分豐富,而且冬季溫暖,

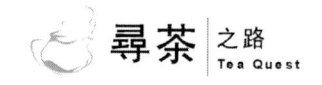

适合各种茶树资源的生长。但事实上，来广东后的资源育种工作比我们想像的困难得多。第一批我们从云南和湖南等省引进了200余份茶树种质资源。种植地块中央有一个大的圆形，估计是做过水泥石灰池，将我们从云南引进的资源毁得只剩下紫娟、长叶白毫等三四份。广东高温多雨，杂草生长快速，我们请了一个年轻人除草，结果这个农村出生的小伙子从未干过农活，也完全不动脑筋，除草的同时将我们从湖南引进的资源齐刷刷地从根颈部锄断。站在渐渐枯萎的茶苗边，我真是欲哭无泪，徒呼奈何。辛辛苦苦收集得到的第一批200余份资源就这样付之东流了。而2008年在南岭连州一带收集的资源这时也已经发芽成苗，需要找更合适的地方种植了。

2009年家里买了车，果然方便很多。这年下半年我到学校增城基地宁西跑了几次，看中了一条小山谷中的几亩地。于是向学校申请用地，请了一位湖北开挖掘机的师傅，谈好价格，便开始挖地了。这是一块好地，土质很好，是荒废多年的农田。陆陆续续，我们从广东、广西、云南、贵州等省份收集的资源都种到这里，近10年的工夫一晃过去，这片土地竟然变成一座有模有样的茶树资源圃，保存了我们收集到的近千份茶树资源。

第一批优选品系的3个品比试验小区也安排在这里，2018年完成性状调查，申请农业农村部植物新品种权保护，结果来自南岭连州群体的华农181获得植物新品种权。这是我们来华南农业大学获得的第一个新品种，也是华南农业大学茶学系获得的第一个茶树新品种。这个品种生长旺盛，芽叶黄绿发亮，少茸毛，适合做红茶，有独特的品种香，汤色红艳，滋味浓醇。

另外，2021年即將完成性狀調查，準備申報新品種權的還有華農211、華農212、華農213、華農214、華農215、華農216等6個新品種。

華農211：中葉種，來自廣西金秀白牛茶樹群體，適製紅茶。

華農216：大葉種，來自廣西金秀六巷茶樹群體，適製紅茶。

華農212：大葉種，來自廣東連南大麥山黃連茶樹群體，適製紅茶。

華農213：中葉種，來自長沙引種一回遷的鳳凰水仙茶樹群體，適製烏龍茶和紅茶。

華農214：大葉種，來自長沙引種一回遷的鳳凰水仙茶樹群體，適製烏龍茶和紅茶。

華農215：大葉種，來自長沙引種一回遷的鳳凰水仙茶樹群體，適製烏龍茶和紅茶。

尋茶 之路 Tea Quest

研究生在做
扦插試驗

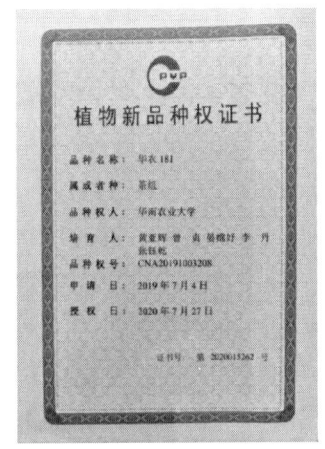

華農 181

廣州古代也產茶

古代廣州出產茶葉，尤以「番禺河南」為盛。古時的「番禺河南」即今廣州市海珠區的主要部分，「番禺」是古代廣州的稱謂，「河南」則指珠江之南。明末清初著名學者、詩人屈大均《廣東新語》說：「珠江之南有三十三村，其土沃而人勤。多業藝茶，春深時，大婦提籃，少婦持筐，於陽崖陰林之間，凌露細摘，每晨茶姑涉珠江以鬻於城，是曰河南茶。好事者或就買茶生自製葉，初摘者曰茶生，猶芥山之草子也。」清番禺人潘定桂《三十六村草堂詩鈔》對河南茶給予了較高的評價：「河南茶性熱微苦，在清遠古勞之上。」

1. 茶樹種植　廣州雨水豐沛，夏無酷暑，冬無嚴寒，非常適合茶樹種植。古代廣州不僅種茶，還種植茉莉、素馨等以供窨茶之用。康熙時胡方《過窯頭》詩說：「三十

三村冠，尋源望古榕。土風多酒肆，民業半茶農。溪尾破籬屋，門前遠寺鐘。弟兄任昉子，葛帔出相逢。」窯頭，亦名瑤溪，廣州河南古村，本地因盛產陶瓷磚瓦而得名。清代劉彤，字子言，瑤溪人，清道光二十年（1840）避客居故里，閒時常桐帽棕鞋，重尋陳跡，且賦以詩歌，得《瑤溪二十四景詩》。《瑤溪二十四景詩》序中對瑤溪茶的種植做了較詳細的記載：「茶田多在瑤溪，茶雖小葉，然根深及泉，毋勞灌溉。初種時，率由丁男。既生歷二三年，始茂密可摘。然後則摘之搓之焙之鬻之，皆老婦少女以任其勞。可見細民食力，雖老稚不能自逸如此。」、「河南好種茶，春日茶田曉。一抹綠煙微，茶歌出田表」，陸芳培的和詩中則是一副春日茶園中人聲鼎沸的熱鬧景象。

但熱鬧歸熱鬧，生活畢竟是很現實的。清詩人黃璞《河南採茶歌》中對河南茶農艱苦的生存環境進行了披露：「河南有田不樹秧，河南有女不採桑。處處種茶供租稅，家家賣茶為稻糧。」

除了種茶以外，河南各村還種茉莉、素馨等香花植物以供窨茶之用。李正茂《茉莉田》詩說：「田光入望碧連頃，六月南天翻雪影。比鄰不識禾黍秋，並命唯依那悉茗。美人一瓣故宮心，採花女兒露沾襟⋯⋯花田茶田春一色，薰茶禪味花消息。不知咫尺素馨斜，誰借一杯澆豔魄。」

2. 茶葉採製　古時廣州主採春、秋、冬三季茶，尤以清明、穀雨時節的春茶為貴。清代廣東南海人楊震青《廬溪詩鈔》說：「河南多種茶為業，以春時未過清明、秋時白露、冬時雪芽為最。」僧法一《河南採茶詞》說：

飲茶粵海

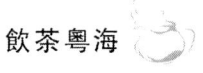

「家家都向雨前忙，恰似幽蘭帶露揚。雀舌滿籃何足羨，問郎聞妾指頭香。」潘有為《河南雜詩》：「青青茶樹改新柯，密葉聲中春雨多。今日清明好天氣，隔山齊唱採茶歌。」潘飛聲和詩說：「採茶如採花，端羨柔荑手。日暮買茶歸，香逐筠籠後。」居巢和詩說：「不作河南人，那惜春光好。今日採茶嫩，明日採茶老。」

番禺河南居住了很多福建人，是久已到此的客家人。河南茶與福建人有著密不可分的關係。潘定桂《河南村居》：「水渾浮較覇（水馬粵俗名水較覇），地狹養鐮刀（鐮刀是魚名）。穀雨田雞唱，花風野馬勞。新茶初摘葉，冷飯飽餐桃。地住閩中客，鄉音近學操。」這種淵源關係在《瑤溪二十四景詩》序中也可見一斑。廣東地處南嶺以南，與廣西同為茶樹原產地雲貴高原的東南緣延伸，茶樹資源以大葉種為主，中葉種為次，如鳳凰水仙茶、白毛茶、苦茶等均是如此。而河南茶明確記載為小葉品種，這些小葉品種可能由福建人從家鄉帶來。客家人居住集中地河源、梅州等地今天還可看到當地茶園種植的群體品種為小葉種，其葉部特徵與福建種極為相似。另外，在《瑤溪二十四景詩》序中，對河南茶加工有如下記載：「既生歷二三年，始茂密可摘。然後則摘之搓之焙之罋之。」河南茶加工經過了如下幾道工序，即採摘、揉捻和烘焙。當然，此處採摘之後一定經過了殺青，否則不可能進行揉捻。而河源、梅州等地的傳統客家綠茶主要特徵為一炒到底，其加工工序為採摘、殺青、揉捻和翻炒。因此，河南茶屬於烘青綠茶，與屬於炒青綠茶的客家綠茶不同。

清詩人楊文杓《瑤溪二十四景雜詠》詩說：「雨前一餅綠芽香，市散瓶笙韻獨長。倘策湯勳參第一，狀元井水

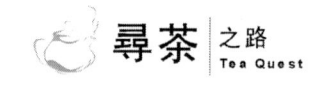

屬吾鄉。」據此似乎可以看到，遲至清代廣州還有餅茶的加工。

除了茶葉採製以外，廣州香花茶的加工歷史至少可追溯到明代早、中期，其加工方法包括茶、花混配窨香和香精油的提煉。明代大學問家陳獻章（1428－1500）《素馨說》記載：「取花之蓓蕾者，與茗之佳者，雜而儲之，又於月露之下，挹其最芬馥者，置陶瓶中。經宿而俟茗飲之入焉。」屈大均《廣東新語》記載：「兒女以花蒸油，取液為面脂頭澤，謂能長髮潤肌。或取蓓蕾雜佳茗儲之。或帶露置於瓶中，經一宿以其水點茗。或作格懸於甕口，離酒一指許，以紙封之，旬日而酒香徹。」張先庚《茉莉田》詩說：「花如暗麝最芬芳，西域移根到瘴鄉。一物異名憑意會，逢人豔說小南強。連畦接畝花如雪，乍把清芬消內熱。一樹真同百穫收，滿籃擬把千絲結。花時狼藉好薰茶，茶借花薰香倍加。爇罷沉檀增郁烈，蒸成微露吸精華。花神合併茶神祝，茶味更繞花味馥。猶剩芳田幾畝寬，家家以此為湯沐。彼疆此界判南東，力穡猶能比戶封。但願年年無歲歉，荷鋤予欲做花農。」

3. 茶葉行銷　有茶葉的種植生產，必定有與之配套的茶葉經營市場。居煌《雜書邨居樂事》詩說：「近岸多栽龍目樹，傍籬時種露頭花。竹籃草具看鄰媼，相約明朝去賣茶。」《瑤溪二十四景詩》記載：「茶市，在瑤溪石岡西麓，侵晨則荊釵布裙，筠籠箬笠鹹集於此。」清《修建小港橋是岸庵碑記》記載：「三十三鄉雖隔珠江，猶附郭也。瓜蔬果蓏，香花茗芽之屬，荷擔而市於廣州者，絡繹不絕，而皆於小港之橋。」小港即今海珠區之小港路一帶。

飲茶粵海

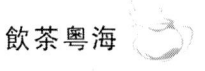

4. 飲茶　現代廣州人喝茶愛上茶樓，茶樓一般地處鬧市。而古人更追求意境，飲茶之所名曰茶寮，其優雅嫻靜的環境非現代茶樓可比。《遊漱珠岡》說：「帆展更番換，漁樵取次招。樓船攜釣艇，閣道做茶寮。綠樹陰中蹬，青溪盡處橋。只應歌哨遍，重負老仙瓢。」《瑤溪二十四景詩》記載：「枕濤屋，在瑤溪之西，屋以外皆水松，乃茶寮別室也。窗俯漪流，座環活翠，風時高臥，謖謖動聽。」劉彤《聽秋居》說：「築室古松下，茅檐俯溪流。茶香客對坐，耳邊無限秋。」

自古繁盛的茶葉產業使廣州人愛喝茶的習慣保持至今，從士大夫到老百姓莫不如此。《瑤溪二十四景詩》說：「待月橋，劉彤嘗與居民挈茗停琴，待月其上，故以待月名之。」士大夫、讀書人飲茶，從茶中品味人生三昧，當然就留下了許多詩文。清伍元葵《園林即事》說：「輕燕穿簾幕，晴光爽氣澄。亭低花作壁，地僻竹為朋。煮茗燒黃葉，臨池採紫菱。浮名何所用，才藻不須矜。」清李有祺《晚遊萬松山》說：「一棹泛秋水，夕陽留半峰。雲依海邊寺，鶴守漢時松。小住試佳茗，欲眠聞梵鐘。雪飛楊子宅，何處覓一宗。」邱長浚《題潘晴湖茂才六松園》說：「草床茶灶足閒情，一卷高吟擁百城。夜半主人剛讀罷，松聲聒耳和書聲。」楊其光《摸魚兒·十一月二十三日區鏡涵招遊小港探梅，暮歸待月橋畔飲梁真吾春居》詞：「曾記看，瓊葩如雪，萬枝寒印疏影。香風送出今番暖，縷縷花魂吹醒。飛逸興，便麈簏狂吟，追和當年詠。重烹苦茗，借澆透詩腸，攀條索笑，新句倚欄聽。」

自古僧人愛飲茶，廣州也不例外。清代徐作霖、黃

鑫編《海雲禪藻集》記：「僧古義，字自破，新會人，姓盧氏。出世丹霞，歷諸上刹，皆典重職。雅好游泳，居海幢客寮，方外開士無不知有破公者。性嗜茶，著《茶論》一篇，晚隱新洲竹院，後終於丹霞。」清代文人、畫家杭世駿晚年主講廣東粵秀和江蘇揚州兩書院。其《泛舟至游魚洲訪羅秀才精舍，同過海幢寺尋本無上人》詩說：「枯僧折慢幢，樹底一招手。佛屋可滌煩，禪喜詎嫌久。茶聲續寒吟，暑飲側疏牖。循廊玩苔碑，坐樹接林叟。」潘光瀛《海幢僧寶筏招飯》：「阿師獨解愛名流，禪榻蕭蕭話鬢秋。蕉補庵天超火宅，瓜分瓶露泌冰甌。品茶香引風生腋，擊鉢聲終石點頭。更乞巨然留畫本，萬山松翠繞僧樓。」

廣州夏季時長，天氣濕熱，古人飲茶時喜歡添加一點苦丁茶。清吳震方《嶺南雜記》：「苦丁葉大如掌，一片入壺，其味極苦，少則反有甘味。粵人烹河南茶者，必點丁少許為良，今稱為苦丁。」

5. 茶具　伍元華，字春嵐，廣州人，清候選道員，善畫能詩，著《延暉樓吟稿》。闢萬松園，袤延數里。性嗜茗壺，特延宜興名手馮彩霞來園中，煉土開窯。所製多小壺，壺底署「萬松園製」四字。

對印度茶業的一點讀書思考

2017 年的寒假讀了《1793 乾隆英使覲見記》、《兩訪中國茶鄉》、《綠色黃金：茶葉帝國》等 3 本書。其中《1793 乾隆英使覲見記》為英國大使馬戛爾尼著，劉半儂譯。書中記載的是 1793 年大英帝國派遣以馬戛爾尼為首

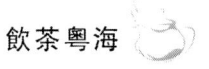

的龐大使團，以給乾隆皇帝祝壽的名義出使中國的所見所聞。這是中英兩國政府的第一次正式接觸，英國的目的是為通商貿易而來，而清政府開始以為這是弱國的進貢與朝拜，由此造成了種種誤會與衝突。馬戛爾尼是位大學者，除了外交事務以外，他在書中還對中國途經之地的風土、物產進行了詳盡的記述。《兩訪中國茶鄉》作者是英國植物學家羅伯特‧福瓊，敖雪崗譯。1842年中英《南京條約》簽訂後，福瓊受英國皇家園藝學會派遣，來到中國採集植物資源。1848年，福瓊又接受東印度公司派遣，深入中國內陸茶鄉，將中國茶種與製茶工人引入印度，開啟了印度茶業的發展。作者對這兩次中國茶鄉的探訪歷程以及將中國茶種運至印度何處等進行了詳細記載。《綠色黃金：茶葉帝國》作者為劍橋大學人類學教授艾倫‧麥克法蘭及其母親艾麗斯‧麥克法蘭，扈喜林譯。艾倫‧麥克法蘭出生於印度茶區阿薩姆邦，少年時回英國讀書，對茶區美好而模糊的童年記憶促使他數度深入亞洲茶區進行調研訪問。該書描述了19世紀印度茶業的狀況，對印度茶業的問題及發展進行了深入的剖析。3本書中均涉及英國在印度發展茶葉產業這段歷史。

　　近年來，中國、印度、斯里蘭卡、肯亞、印度尼西亞一直保持世界五大產茶國地位。2015年中國茶葉產量223萬噸，占世界茶葉總產量的43.1%，印度茶葉產量119.1萬噸，占世界茶葉總產量的22.5%。就生產規模而言，中國茶葉產量位居世界第一，印度產量居第二。然而，就茶葉生產歷史的長短而言，則兩國不可同日而語。《華陽國志‧巴志》記載：「其地園有芳蒻、香茗。」說的是前11世紀中國西南的巴國已有茶園產茶的事實。而印度，

遲至19世紀才開始茶葉生產。短短100多年的茶葉生產歷史，印度就創造了茶葉產量穩居世界第二的驕人成績，其發展歷程值得人們思考。

1. 不遺餘力地掠奪中國茶種　印度獨立前曾經一段時期是英國的殖民地。1711—1810年，英國政府從中英茶葉貿易中獲得稅收達7 700萬英鎊，數額巨大。因此，在其殖民地印度發展茶葉從而改變大量從中國進口茶葉的局面一直是英國政府苦心孤詣的追求。早在1778年博物學家約瑟夫·班克斯就任英國皇家學會會長時，他就派出植物獵人到世界各地尋找植物樣本。東印度公司也向他請教有關茶葉的建議。

《1793乾隆英使覲見記》記載，英國訪華使團覲見完畢，返程途經浙江、江西兩省交界之處，「吾輩以天氣甚佳路亦平整，頗堪馳驟，故騎馬者居多。又，吾隨員中有喜研究博物之學者數人，沿路見奇異之蟲、魚、花、草即採集之，長大人並不加以禁阻。餘見一處茶樹甚多，出資向鄉人購其數株，令以泥土培壅其根，做球形，使人舁之以行，意將攜往印度孟加拉種之。果能栽種得法，地方官悉心提倡，則不出數十年，印度之茶葉必能著聞於世也。」

《綠色黃金：茶葉帝國》記載，1836年，英國茶葉委員會委員喬治·戈登潛入中國，將大量中國茶種偷運至印度，同時還將四川雅安的製茶工人帶至印度傳授技藝。中國茶種在加爾各答催芽萌發後被分送印度各地種植，由於缺乏管理經驗，這批茶種最後所剩無幾。同期，印度阿薩姆的野生茶樹被英國人布魯斯發現，重新燃起了英國政府在印度植茶的欲望，然而，當地茶種的苦澀味以及不得法的加工使印度茶品質無法與中國茶媲美。因此，系統地引

入中國茶種又被提上議事日程。

羅伯特·福瓊1843年、1844年、1845年3次分別於浙江舟山、寧波和福建福州進入茶園並觀看了製茶過程。期間收集了大量植物標本和繁殖材料並運往英國。福瓊在《兩訪中國茶鄉》中並未說明他是否收集了茶樹標本和種子，但作為一名公派考察的植物學家，中英貿易中最為重要的茶不會不在他的收集之列。

1848年，福瓊又受到東印度公司派遣專程來中國偷運茶種。這次他們顯然是有備而來，當時中國最有名的綠茶產自徽州（黃山），最有名的紅茶則產自福建武夷山，因此，他們的目的十分明確，就是分別到黃山和武夷山獲得茶種。來之前他們對茶樹種子何時成熟以及如何保存茶籽、如何播種等技術細節已經了然於胸。屯溪綠茶和休寧松蘿茶是當時出口歐洲的優質茶代表，福瓊一行人在屯溪和休寧這兩個地方收集了大量的茶樹種子。途經寧波銀島（金塘）又採集到大量茶種回到上海，福瓊便將這些茶籽播種在專門的育種箱裡，茶苗中停香港後被運往印度加爾各答。武夷山是當時最有名的出口紅茶產地，得到了黃山茶種以後，福瓊便立刻轉入武夷山。在武夷山，福瓊住在寺廟裡，一待就是3年，對當地茶樹種植管理、茶葉加工以及武夷山的茶葉貿易路線及詳細成本等進行了細緻的觀察、記錄，獲得大量武夷山茶種以及幾個熟練的技術工人。期間，還分別多次從黃山、寧波等地獲得茶種。這些種子及幼苗均被輾轉運往印度加爾各答。在印度這些茶種再被分配至阿薩姆、大吉嶺等多處地方種植。

因此，英國政府從中國掠奪茶種涉及中國安徽、浙江、福建、江西等省，前後歷時57年之久。獵取茶種最

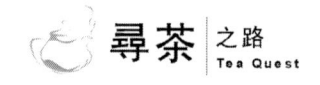

多、最有成效的是英國植物學家羅伯特·福瓊。

另外，中國茶種最早向國外的傳播應該始於唐代，由最澄和尚傳入日本。而《綠色黃金：茶葉帝國》中「最早將中國茶株帶到世界其他地方的是荷蘭人，早在1728年，一些荷蘭人就把茶株帶到了好望角和錫蘭」的記述有誤。

2. 並不順利的茶葉產業起步　印度大量偷運中國茶種並帶回中國熟練的茶葉工人，同時，在本地也發現並大量擴繁了阿薩姆茶種，萬事俱備，印度的茶葉是否就一帆風順了呢？事實上，並非如此。《綠色黃金：茶葉帝國》載：「形勢持續惡化，到1847年時，阿薩姆公司到了有人願意收購就趕快賣掉的境地。大片空地被清理出來，但很大一部分空地卻荒著沒有種茶樹；種下的茶樹一半是中國樹種，一半是本地樹種，因為人手疏於看管，葉子長出來往往也沒有人採摘。」、「人們一度對阿薩姆邦寄予厚望，但是直到1860年代，英國人在阿薩姆邦的茶葉經營狀態還是沒有起色，1867年阿薩姆邦茶產業的崩潰，象徵著英國人嘗試以低價競爭方式取代中國茶葉生產這一努力的失敗。投資者心灰意冷，市場需要不振，茶葉勞工成批死亡。」

導致印度茶業初期失敗的原因如下：第一，技術與經驗的匱乏以及中國茶葉巨大的競爭力。1839年6月，布魯斯寄給英國茶葉委員會一份意在激起茶葉生產熱情的報告。在那份報告里布魯斯指出：「如果我們有足夠的技術工人，像中國那樣，每片茶園都安排一些工人，我們的茶葉價格就可以和中國的相抗衡；不僅如此，我們還能夠，也應該使茶葉的價格比他們還低。」無疑，這份報告對於英國政府的煽動性很強。但其關鍵部分是建立在「如果」

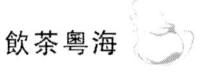

之上的。事實上，印度當時沒有，也不可能有足夠量的茶葉技術工人。而中國這片古老的土地上，茶葉生產已經經歷了3 000多年的歷史，六大茶類齊全，技術能手眾多，人才濟濟。更為重要的是，中國的茶葉種植者不但勤勞而且薪酬很低，茶葉成本很低。因此，印度初期的茶葉產業不得不面對強大的中國茶葉的競爭。第二，阿薩姆等茶區自然條件惡劣，疾病叢生。1866年年輕的英國人阿利克·卡內基和約翰·卡內基兄弟倆前往印度淘取茶葉這桶綠色黃金，阿利克在給父母的信中寫道：「我照舊每天發燒、打寒顫……我估計打寒顫是因為雨季裡長時間在潮濕的被縟裡睡覺的緣故。在雨季裡，平房裡的所有東西就像是在英國的室外放了一夜被露水打濕了一樣。上床睡覺的時候，床墊與其說是潮，不如說是濕。」第三，殘酷的虐待勞工。英國殖民者一方面希望有大批的技術工人，另一方面卻令人髮指地虐待這些務工者。在《綠色黃金：茶葉帝國》第八章「茶葉熱：1839－1880年的阿薩姆邦」裡，苦力們的慘況貫穿全篇，比比皆是：「船長說，又一次，他不顧沒有人來接，就將一批苦力扔在岸上。結果，那些苦力飢腸轆轆地坐在岸邊等了3天。所有人都發起了燒，其中兩個人死掉了。更糟糕的是這一次，船上有500個苦力，這些人是天底下最髒的傢伙，渾身虱子。有一個昨天還患上了霍亂。」、「那些苦力，有男有女，在經歷了極其痛苦的旅程後，剛進入一個陌生國度不久，然後又像是牛一樣，被驅趕向一個艱辛的終點……每星期都有20人死掉，屍體被拋入河中。」可以說印度茶業的發家史就是一部來自各地，包括中國的勞工們的血淚史！

3. 是技術創新拯救了印度茶業　英國人在印度從事

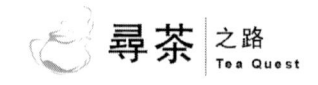

的茶葉生產遭遇處處碰壁以後才痛苦地意識到「要扭轉形勢，必須採取果斷措施」。那麼，他們準備採取什麼果斷措施呢？眾所周知，1830～1840年代英國已經完成其工業革命。當時，蒸汽機得以普遍使用，機械製造業已經實現機械化。殖民者從英國來到當時的印度叢林中，一邊是火車、汽車、高樓林立；一邊是蚊蟲、霍亂，汙穢不堪。兩相比較，他們要採取的措施當然是盡快將印度落後的茶葉生產拉入現代工業化的軌道。

一個現代的產業離不開科學研究，《綠色黃金：茶葉帝國》記載：「英國人投入了大量精力和科學知識，他們精心研究茶樹之間的準確株距應該是多少；什麼樣的土壤最好；行距怎樣設計最有利於茶葉採摘……他們還建立了多個茶葉研究站，比如阿薩姆邦的Toklai研究站……」透過這些研究，茶樹栽培種植得以科學化、標準化。

工業革命以機械化為其核心，當機械化被英國人成功地引入茶葉加工行業中，印度的茶葉產業便進入了一個勢不可擋的時代。在印度茶業的現代化進程中，英國發明家威廉·傑克森功不可沒！《綠色黃金：茶葉帝國》記載：「1872年，傑克森在阿薩姆邦的Heeleakah茶園製造安裝了他的第一個茶葉揉捻機。1877年，他發明了rapid揉捻機。1884年傑克森設計製造了他的第一臺熱風乾燥機。1887年，傑克森推出了他的第一款茶葉解塊機，1888年推出了茶葉分揀機，1898年推出了茶葉打包機。」

行文至此，筆者不禁擱筆沉思。1898年在中國是一個有特殊意義的年分，這一年的6月中國清王朝發生了一件被稱為「戊戌變法」的大事，以慈禧太后為首的守舊派發動政變，光緒皇帝被囚禁在中南海瀛臺，康有為、梁

啟超分別逃亡法國、日本，戊戌六君子譚嗣同、康廣仁、楊深秀、楊銳、林旭、劉光第慷慨就義。以改革政府機構、興辦實業、培養人才、訓練新式軍隊等變法強國措施為綱領的維新運動以失敗而告終。

而在印度，英國人推行的茶葉技術創新取得了異常明顯的成效。《綠色黃金：茶葉帝國》記載：「傑克森機器的效率可以從茶葉生產成本的變化上略見一斑。1872年，他開始發明機器時印度茶葉的生產成本是每磅11便士，與中國茶葉相當。到1913年時，改進後的茶葉生產機器將生產成本降低到每磅3便士……從而提升茶葉品質。」此時的中國茶葉仍舊跟往時一樣，成本與品質沒有任何變化。國際市場上競爭的勝負已經不言自明了！傑克森的茶葉機械是中印茶葉的一道分水嶺。有了高效率的機械化製茶以後，印度茶迅速占領了國際市場，中國茶葉則每況愈下。1896年，廈門的《海關年度報告》記載：「本年度貿易額從四分之一世紀之前的200萬關平兩下降到如今的10萬關平兩。茶樹種植戶先前的茶園能夠讓他過上吃喝不愁的日子，現在卻被迫在茶樹之間套種蕃薯求得溫飽。」

《1793乾隆英使觀見記》、《兩訪中國茶鄉》、《綠色黃金：茶葉帝國》3本書中說的都是一兩百多年前的事情了。中華人民共和國成立以後，中國茶葉生產發生了翻天覆地的變化，中國茶葉連續多年穩居世界第一，是名副其實的「茶葉帝國」。近年來，隨著中國經濟的高速發展，中國茶葉更是出現了歷史上前所未有的發展勢頭。

彩雲之南

第一次出差到雲南

　　1990年代初，我剛參加工作，那時湖南省茶葉所圖書室以及苦茶課題組都訂有《中國茶葉》、《茶葉科學》、《茶葉文摘》、《福建茶葉》等期刊以及後來好像沒有見到過的《雲南茶葉》。剛參加工作的人，本來就需要拚命地學習專業知識，盡快地熟悉研究工作，加之又沒有別的閱讀渠道，因此，這些期刊上的文章那時差不多篇篇我都認真看了。現在有中國知網、Springer等網路資料庫，擷取中外文獻簡直如囊中探寶，唾手可得。時間只隔了二三十年，今昔相比，真使人作宋濂之嘆：「凡所宜有之書，皆集於此，不必若餘之手錄，假諸人而後見也。」那時擷取文獻，主要靠《茶葉文摘》，因此，它是當時翻閱頻率最高的一本刊物了。也許因為從事茶樹資源育種方面的研究吧，當時的文章中印象最深的要數中國農業科學院茶葉研究所虞富蓮老師的各地茶樹資源考察報告，尤其是雲南大葉種茶樹的照片對我的吸引力是非常大的。記得有篇文章，有南糯山大茶樹的照片，同時配有趙樸初的題詞

彩雲之南

「南行萬里拜茶王」，對我的觸動很大。課題組帶頭人劉寶祥老師本人也曾多次考察雲南茶樹資源，帶回來的葉片標本和茶果標本就擺放在實驗室，還有一塊砧板大小的雲南古茶樹樹幹標本也擺在這裡，而我進入組培室接種就先要穿過這間實驗室，因此，經常得以觀看。我畢業進苦茶課題組，當時劉老師已經 60 多歲了。有次他到廣西龍州考察茶樹資源，回來給我們介紹龍州的雲南大葉種茶樹資源十分豐富，興奮之情溢於言表，甚至不顧年老、血壓高，還考慮應龍州茶葉所之聘，全身到那裡去研究雲南大葉種茶樹。劉老師出生於湖南新化，他到老仍然保留著為科學獻身而不慮及其他的精神，實在令我敬佩之極。苦茶課題組邊上是一塊以鐵絲網圍隔起來的資源圃，裡面種的全部是雲南大葉種實生苗茶樹。印象比較深的是，1991 年長沙冬季奇寒無比，連續十幾天－10℃左右，那些大葉種茶樹全部凍死了，但來年春天又發出了新枝，而一牆之隔的柑橘樹則沒能發出新芽，真的凍死了。那時很想有到雲南出差的機會，但無奈雲南路途遙遠，一直沒能如願。

  第一次到雲南是 2009 年夏天，我已經調到華南農業大學工作了。我和妻子曾貞都是從事茶學研究，我們是衝著大學有大批優秀的學生以及可以自由支配時光的寒暑假而調往大學的。2007 年下半年調到華南農業大學，2008 年教學、科學研究工作稍稍整理清楚。2009 年暑假，我們就迫不及待地出差到雲南了。雲南地域遼闊，古茶樹數量多、分布廣，到哪裡去看茶樹資源呢？首先，我們想到的自然是雲南省農業科學院茶葉研究所（以下簡稱雲南省茶葉所），因為我們早就知道這裡透過幾代科學研究人員

幾十年的考察，收集了最全面的雲南茶樹種質資源。恰好先我們一年調到華南農業大學茶學系的許玫老師原先就在這裡工作，而且就是從事茶樹資源育種工作的。我們一通電話，她正好暑假也回到老家來了。於是買好到昆明轉西雙版納的機票，我們馬上就到了早就想來的位於中國西南邊陲的勐海縣。

勐字在中國雲南以及泰國、緬甸等傣族聚居的地方經常可以見到，如勐臘、勐養、勐龍沙等。一般來說，猛一看，勐字給人的感覺可能是威猛，其實，勐字有幾種意思：一是表示勇猛；二是表示高原盆地和河谷地帶；三是雲南西雙版納傣族地區舊時的行政區劃單位，有大勐和小勐，大勐相當於地市，小勐相當於村寨。

勐海縣城建築風格與內地省份迥異，紅牆金頂，在陽光照耀下熠熠生輝，讓人彷彿置身於泰國、緬甸等東南亞國家一般。雲南省茶葉所位於勐海縣城邊上，勐海縣與緬甸接壤，因此，雲南省茶葉所也是中國省級茶葉研究所中最接近國外的一個了。

雲南省茶葉所所長熱情接待了我們，在所裡召開了歡迎會議，所長介紹了雲南省茶葉所的基本情況，我也表達了多年想來今天終於如願的喜悅心情，同時提出參觀茶樹資源圃的願望。於是所裡安排了畢業於華南農業大學茶學系、現在所裡從事茶樹資源研究工作的唐一春老師和許玫老師陪跟我們。雲南具有得天獨厚的資源優勢和自然條件，這座凝聚了本省幾代茶葉科學家辛勤汗水的中國最大的大葉種茶樹資源圃於1983年建成，占地60餘畝，1990年被認定為「國家種質勐海茶樹分圃」。如今，2 000餘份茶樹資源在這裡得以保存，涵蓋了栽培型、野生型、過渡型、

彩雲之南

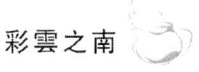

野生近緣種以及雜交後代茶樹。一邊仔細地觀看,一邊聽唐老師和許老師對每一份資源的詳細介紹,不知不覺,我們一行在茶樹資源的海洋中徜徉了好幾小時。

左起:黃亞輝、曾貞、許玫

辭別雲南省茶葉所,我們和許老師一道乘車來到普洱市,這裡原名思茅市,近年來普洱茶火爆,2007年改回它歷史上的名字——普洱市。這是個古老的地方,漢代以前,這裡屬於哀牢國,漢代這裡被劃入中央政府實力範圍,隸屬益州郡。諸葛亮的《出師表》裡有:「今天下三分,益州疲敝,此誠危急存亡之秋也。」漢代的十三個大郡中,益州郡多山,大概涵蓋了今天的四川、雲南、貴州等省的部分地方。這裡與中原王朝時分時合,大體上,中原王朝強盛時,這裡即歸化為王朝的一個府郡,中原王朝衰落時,這裡的豪強們便自立門戶,獨立成國。翻開史書,地處邊陲的許多地方,如大理、麗江等莫不如是。

尋茶之路 Tea Quest

雲南省普洱茶樹良種場

到這裡，我們造訪了雲南省普洱茶樹良種場，即原來的雲南省思茅茶樹良種場，接待我們的是負責人楊柳霞女士。20世紀，紅碎茶是中國的主要出口創匯產品，而由雲南大葉種加工的紅碎茶品質優異，中國政府給予了高度重視。1985年由農業部專門立案在思茅市建設了這個省級茶樹良種繁育場，承擔著向全省以及中國南方茶區繁育推廣雲南大葉茶無性系良種的任務。良種場有兩大亮點：一是作為母本園，這裡集中種植了雲南省主推茶樹良種，包括雲抗10號、長葉白毫、雪芽、短節白毫、矮豐、雲梅、雲瑰、紫娟以及其他品種；二是這裡有現代化的茶樹繁殖苗圃。母本園位於良種場辦公樓背後的山坡之上，占地近600畝。夏季的高原，涼風陣陣，天空一碧如洗，放眼望去，排列得整整齊齊的眾多茶樹品種在這裡競相生長，蔚為壯觀。

彩雲之南

引種雲南大葉茶樹品種

　　普洱茶樹良種場正在大量繁殖雲抗 10 號、長葉白毫、雪芽、短節白毫、矮豐、雲梅、雲瑰、紫娟等雲南大葉茶樹品種，於是我們提出請求，讓場裡幫忙提供各個品種的少量茶苗，他們很爽快地答應下來。下半年，每個品種約 10 株茶苗寄到廣州，我們如獲至寶似的趕緊將這些來自幾千里之外的小苗安排種植到校內茶園邊的一小塊土地上。經過一段時間除草、施肥等精心管理，茶苗茁壯成長，雲南大葉種快速生長的特性表露無遺。然而冬季過後，進入第二年的春天，異常情況出現了，部分雲南大葉種以及湖南、福建等地引種來的茶樹品種出現新梢枯萎的現象，開始以為是病害，用了幾種殺菌劑均無效果，後來只好歸結為不適應，進入夏季後，這部分茶樹乾脆枯死。一次我到茶園邊轉悠，無意間突然發現，枯死的茶樹形成一個大圓形。於是，恍然大悟，是這塊地有問題，這一大塊圓形地帶很可能是之前的一個石灰水泥池。從雲南寄來的茶樹品種中雲抗 10 號、長葉白毫、紫娟因為種植在圓形以外，長勢非常好，其他的則沒能存活下來，實在可惜。

嫁　　接

　　嫁接是一種古老的植物繁殖技術，廣東潮州的單叢茶現在基本還是以嫁接為主。到 2015 年，我們引種的雲南大葉茶樹品種的茶苗已經長成了大茶樹，於是開展了紫娟、白葉王、烏牛早等幾個品種間的嫁接試驗。為什麼要

做嫁接？主要源於心中長久以來的疑問：嫁接傳統上一直被認為是無性繁殖，那麼到底接穗和砧木之間有沒有基因的交流？因為，直觀上，經過嫁接以後，某些性狀已經發生了比較大的變化。

事實上，現階段對於植物嫁接前後是否會有基因變化還存在兩種觀點。一種觀點認為嫁接前後的植株之間有基因交流。Taller 等於 1999 年發表文章，證明辣椒中辣椒素的含量、果形等性狀受嫁接的誘導會發生變異，且可以穩定遺傳 27 代。相反，另一種觀點認為，嫁接不能引起植物之間的基因交流。他們採用微嫁接技術將攜帶外源基因 $npt\,II$ 的蘋果品種嫁接到沒有該基因的蘋果品種的組培苗上，結果顯示，外源基因 $npt\,II$ 在嫁接的兩植株間不會透過任何方式進行傳導，只在單一的植株內表達。

馮金玲等於 2012 年對油茶芽苗嫁接體發育過程中砧木和接穗之間是否發生基因交流進行了研究，發現在癒傷口和嫁接口有著不斷波動的基因數，其中存在 3 種可能的原因：一種可能是嫁接後環境發生改變，從而影響了接穗的基因而導致最終的基因變化；另一種可能是產生了基因甲基化，並調控接穗芽的發育；還有一種可能是砧木和接穗之間確實存在基因交流。

看來，嫁接導致植株基因的改變已經是肯定的事實了。為了解釋其原因，近年來不斷有研究者給出了一些答案。

Digner 等於 2008 年的試驗表明，砧木中含有的一些營養物質和信號物質會藉助水分在嫁接的株間進行交流、傳遞，但是尚無試驗直接證明嫁接時砧木和接穗之間有得以交流的遺傳資訊。2009 年，Stegemann 等的研究進行

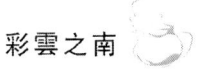

了直接有力的補充證明。他們發現，在嫁接過程中，一些大的 DNA 片段在嫁接的株間發生了傳遞，以此為「嫁接誘導遺傳變異」現象提供了一條重要的依據。

湖南省茶葉所的老同事，後來進入國家雜交水稻研究中心從事水稻研究的常碩其研究員給我推薦了 2014 年德國科學院院士 Ralph Bock 教授在 Nature 雜誌發表的題為 Horizontal genome transfer as an asexual path to the formation of new species 的研究論文，他們透過嫁接的手段，使兩種菸草的核基因組植物細胞之間發生轉移，不但產了新的菸草品種，而且新品種可以透過有性繁殖產生後代。與 1999 年 Taller 等的研究結果一樣，Ralph Bock 的工作也揭示了一種創造新物種的新方法，即嫁接是一種潛在的無性物種形成方法。

廣東一般在冬至前後進行茶樹嫁接。春節後我們調查發現，白葉王和烏牛早嫁接到紫娟砧木上，均不能成活，但砧木紫娟仍能繼續健康生長；紫娟、烏牛早嫁接到白葉王砧木上，發生了嚴重的相剋現象，接穗和砧木都死亡；紫娟和白葉王嫁接到烏牛早砧木上，白葉王生長弱，最終死亡，而紫娟表現非常好，長勢很旺盛。

所以，到最後，就只有嫁接在烏牛早茶樹上的紫娟長得很好。2016 年我們安排茶學專業大學生楊梅採用 RAPD 分子標記技術對紫娟（A_2）、烏牛早（B_2）以及嫁接在烏牛早上的紫娟（A_1）和烏牛早砧木（B_1）作了 DNA 水準上簡單的差異性比較。

試驗中用到 10 條隨機引物。用同一引物對實驗材料進行 PCR 擴增，可以看出，A_1 與 A_2，B_1 與 B_2 相互之間

的DNA遺傳資訊各不相同。RAPD使用的引物各不相同，但對於任一特定引物，它在基因組DNA序列上有其特定的結合位點，一旦基因組在這些區域內發生DNA片段插入、缺失或者鹼基突變，就可能導致這些特定結合位點的分布發生變化，從而導致擴增產物數量和大小發生改變，表現出多態性。

陳師傅在嫁接

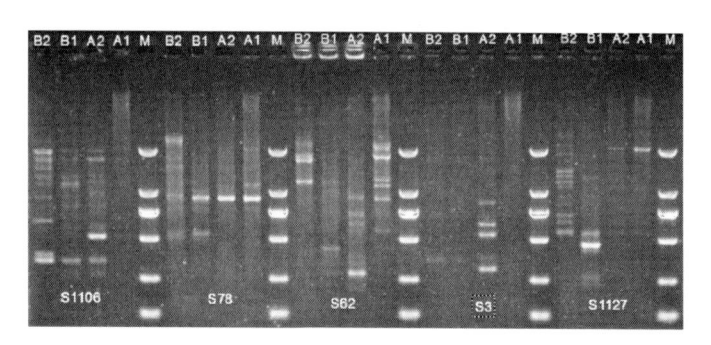

RAPD擴增圖譜

S78、S62、S1127等引物均擴展出了比較清晰的條帶，而透過對A_1/A_2以及B_1/B_2進行比較，就會發現，幾乎每條引物擴展出來的條帶都不一樣。因此，嫁接前後的DNA發生了明顯的變化。

因此，茶樹嫁接是會導致基因改變的，這方面，我們的研究結果與Taller和Ralph Bock的一致。但是茶樹嫁接後，雖然接穗的品質風味會略有改變，但改變很小，還

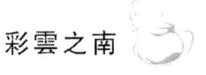

遠遠達不到形成新品種的程度，否則，最注重品質風味獨特性的單叢茶不會選擇嫁接這種繁殖手段。我們的嫁接研究只是一個初步試驗，雖然看到了基因改變這種有趣的現象，但我們更為關注的接穗和砧木之間各種性狀的相互改變還需要深入觀察。

酸　　茶

其實，沒來雲南之前，還在湖南省茶葉所工作時，我和粟本文研究員就做過酸茶的試驗，當時我們的目的是想用這種做法解決湖南夏秋茶苦澀味強烈的問題。我們不是將茶埋入土中，而是採用了湖南的習慣做法——罈子菜。產品有酸味，預試驗應該算成功了，但無奈當時沒有獲得進一步的項目支持，研究未能深入下去。

後來，審過一篇泰國留學生寫的有關 Miang 茶研究的博士論文，文章用英語寫成，做了 Miang 茶成分及有關生理功能等方面的研究。但我最感興趣的卻是他的綜述部分，在這裡，可以知道，這個所謂的 Miang 茶其實就是雲南的酸茶，這個茶在泰國知名度相當高，可謂是家喻戶曉，其普及的程度就相當於我們的綠茶、紅茶等，幾乎人手一杯，一天幾杯。

真正讓我對酸茶有感性認識的是一次我在勐海吃雲南酸茶。酸茶鋪老闆介紹起來頭頭是道：「這個茶在雲南自古就有，採回茶鮮葉，用開水燙過，在不積水的黃土地挖個坑，將茶葉用芭蕉葉包好，放進坑裡，一層層堆疊，用土蓋好，一兩個月後即可從上層至下層依次食用。」古時有規矩，最下層的酸茶只能進貢給酋長或頭人食用，因為

這層的茶是精華，最酸。現在他賣給我吃的就是最下層的酸茶，所以，我享受了酋長的待遇。酸茶嚼在口裡，酸酸的，味苦，之後有回甘，配以其他清涼香料，實在是夏季非常適宜的一道去火促消化的美食。

中國雲南少數民族中，德昂族酸茶和布朗族酸茶最為有名。德昂族主要聚居在德宏芒市、瑞麗和隴川，其中芒市三臺山德昂族鄉平均海拔1 400多公尺，是德昂族酸茶的主要代表性產區。布朗族主要聚居在西雙版納勐海、勐臘和景洪的山林地區。發源於青藏高原的瀾滄江和怒江憑藉著上、下游之間巨大的落差，以雷霆萬鈞之勢在這高原的群山間切割出深不見底的河谷。世世代代的布朗族就居住在這些河谷兩側海拔一兩千公尺的山麓地帶。雲南德昂族、布朗族等少數民族大多喜愛酸食，到過雲南的朋友就會有這個體會。雲南少數民族的宴席氣氛空前熱鬧，三五個少男少女一邊唱著美妙的歌曲，一邊挨桌挨個地給客人敬酒，在這樣的場合下，你不把酒喝下去的話簡直毫無辦法，因此，很容易醉酒。而且這裡的少數民族朋友還會提醒你不要怕喝醉，因為滿桌都是酸味的菜餚，可以幫你解酒。酸茶大概就是作為酸食的一種而被當地人發明出來的。

酸茶是一種發酵茶，除中國雲南少數民族地區以外，還流行於泰國、緬甸等東南亞國家。產自泰國北部南邦、清萊、清邁等山區地帶的酸茶Miang與中國酸茶最為相似，許多傣族地區酸茶的讀音接近「Miang」，可能來自中國古代的「茗」字。緬甸酸茶叫「Laphet」，主要產自撣邦、莫谷及帕朗等氣候適宜、濕度相當、陽光充足、土壤肥沃的山區，緬甸酸茶早已經成為當地人日常生活中

必不可少的飲品及菜餚。在日本，人們也喜歡酸茶，日本酸茶 Awaban-cha 和 Goishi-cha 分別流行於日本四國地區德島縣與高知縣。日本茶種、製作、飲用等茶業諸方面均源自中國。日本是特別愛學習和善於學習的國家，存在於東南亞及中國西南一隅的酸茶他們學過去了；中國西漢的辭賦家司馬相如懂得用茶葉治療消渴症（即糖尿病），並且在詩文中多有記載，這個也被他們早早地學到了，而且開發出了降糖茶產品。

　　酸茶原始的做法是埋在土裡面，這對現在許多地方，比如城市裡面已經不容易做到了。其實，想自己製作酸茶也不難。首先是從茶園中將新鮮茶葉採摘回家，放在鐵鍋中炒熟（殺青），然後壓緊裝入塑膠袋或其他容器中，密封，放置在冰箱的冷藏格中 1 個月左右，便可拿出來調味生吃或者泡水喝，具有清香可口的酸味。還有一種加工方法，是將新鮮茶葉炒熟後加入適量食鹽揉搓，然後放入陶罐中像醃製酸菜一樣醃製，1 個月左右便可食飲，又有另外一種風味。

茶為藥食

　　茶葉為我們人類所利用，大致經歷了 3 個階段，即藥用階段、食用階段和飲用階段。「神農嘗百草，日遇七十二毒，得茶而解之」，指的是華夏先民最早發現並利用茶葉的藥用階段。神農氏並非指一個具體的人，而是指一個時代。傳說神農是中國最早發明陶器的神人，能做陶甑和陶瓶。《周書》中有神農耕而作陶的傳說。陶器的出現象

尋茶 之路 Tea Quest

徵著人類矇昧時代的結束和野蠻時代的開始。按照生產工具的劃分，則已由舊石器時代邁入了新石器時代。《周書》中還有神農氏做斧斤和耒耜等工具的傳說。凡此種種都說明，有巢氏、燧人氏、伏羲氏時期的採集經濟和狩獵經濟已經漸漸為神農、黃帝時期的種養經濟所取代。伴隨經濟的發展、物質條件的改善，上古的先民也就有餘力來改善自身的生活品質了，而疾病卻還是他們面臨的最為嚴重的問題。無醫無藥的他們只能靠自己的智慧和勇氣向這個熟悉而陌生的世界去找尋。周圍的一切花草樹木都有可能是良藥，也都有可能是毒藥，還有可能既是毒藥又是良藥。華夏民族從神農時代至今不過萬年，我們的先民發現並整理出了自己的中藥體系，《神農本草經》、《本草綱目》等閃光著作可以說是用無數先民的生命寫成的。據說當今世界著名醫學期刊刺胳針的封面畫是一隻小鼠，以紀念在醫藥研究中充當實驗材料的無數小鼠的生命，那麼，我覺得完全有理由以神農的畫像作為中國當今最為權威的中醫藥期刊的封面。誰能說得清楚，《神農本草經》、《本草綱目》等中藥古籍是用多少先人的生命試出來的？在這浩如煙海的中草藥寶庫中，茶只是其中的一味。托神農之名，實際成書於漢代的《神農本草經》是中國第一部藥學著作，其中對茶的記載有一十六字，即「神農嘗百草，日遇七十二毒，得茶而解之」。明代李時珍《本草綱目》中對明代及之前有關茶葉種植、採摘、製作、功效等方面進行了系統梳理，並在〔時珍曰〕裡用數百字闡述了自己的觀點。對茶的藥效主要記載為：茶葉，苦、甘、微寒、無毒。服威靈仙、土茯苓者，忌飲茶。主治瘻瘡，利小便，去痰熱，止渴，令人少睡，有力悅智。下氣消食。作飲，加茱

茰、蔥、薑良。破熱氣，除瘴氣，利大小腸。清頭目，治中風昏憒，多睡不醒。治傷暑。合醋，治泄痢，甚效。炒煎飲，治熱毒赤白痢。同芎藭、蔥白煎飲，止頭痛。濃煎，吐風熱痰涎。又說：茶苦而寒，陰中之陰，沉也降也，最能降火。火為百病，火降則上清矣。歸納一下，在明代，茶葉被認為具有如下功效：止渴、去火、利尿、清神、明智、消食、殺菌等。至於其中提到的「作飲，加茱茰、蔥、薑良」，按照這樣的配伍煎或煮出來的一碗飲料，則更像我們今天喜茶、貢茶這類混配出來的快銷茶品。在國外，茶葉也主要是以 herbal tea 這個花草拼配茶的形式銷售，很像我們古人的做法。因此，說茶葉為人類利用經歷了 3 個階段，是以大體而言的，並非某一階段已過就再也一去不復返了。有時回歸傳統倒是一件挺時髦的事情。

酸茶應該屬於茶葉食用階段的遺存。茶葉作為食用最早的文字記載要數晉代《爾雅注》中的一段話：「樹小似梔子，冬生葉，可煮作羹飲。今呼早採者為茶，晚取者為茗。」事實上，除了雲南酸茶外，茶葉作為食用在中國還多有所見。

1. 擂茶　我在湖南安化及廣東五華、英德均喝過擂茶。安化叫打擂茶。將茶葉和佐料同時放入鉢內，一般由力氣大的男主人操作，左手扶鉢，右手握擂茶柱用力在鉢內做類似圓周的螺旋運動，將茶葉和佐料擂碎後，沖入清水再倒入鍋內，放食鹽少許，煮沸後即成。坐在桌子邊，看著主人嫻熟地將棍子擂動，混合的各種食物香氣散發出來，直入鼻管，是一種享受。

安化擂茶用的茶葉有乾茶和鮮葉之分，乾茶以綠茶為

多，而所放佐料則富於變化，有米、食鹽、花生、大豆、玉米、芝麻、薑、胡椒等，其中米和食鹽是每次打擂茶的必用品，薑和胡椒任擇一種取其辛辣，擂茶的濃度和鹹淡是冬濃夏稀，冬淡夏鹹。喝擂茶時，大家圍桌而坐，以碗盛上擂茶，桌上一般置炒花生、炒甘薯皮、酸蘿蔔、酸刀豆等作為點心。我大學畢業的第二年即下鄉到安化小淹鎮白沙溪茶廠所在地，曾經多次被邀請去吃擂茶，那種邊喝茶邊吃點心邊談天說地，興趣盎然的情景猶歷歷在目。

客家擂茶是將生米、茶葉、生薑用水浸泡後，放在陶製擂鉢中，用山楂木（或油茶木、苦丁茶木）製成的木棒碾研成糊狀，再拌入韭菜、菜豆等，加入適量細鹽，兌上溫水，放在鍋裡煮成稀粥。飲用時，在茶面再撒上各種佐料，如油炸花生米、油炸糯米乾、炒大豆、炒芝麻等。由於這種擂茶以生米、茶葉為主要原料，又加入許多糧油製品佐料，所以香味俱全，清香可口，既可清涼解暑，又能聊以充饑。

客家擂茶與湖南安化擂茶大體相同，唯安化擂茶乾茶、鮮葉均可用，客家擂茶似乎只用乾茶。

2. 打油茶 2016年到廣西昭平，由故鄉茶葉公司招待，喝了一次美味的打油茶。據說，昭平打油茶的器具和打法與廣西恭城瑤族自治縣的一樣。恭城油茶的製作方法十分講究，其特色就在於一個「打」字，必須有專門的製作工具：一是茶鍋（水瓢大小的生鐵鑄鍋，帶長木柄），二是木錘（形似L的木製錘），三是竹漏（藤竹合編的濾隔），四是小火爐（可以是電爐或炭火爐）。先將熱水浸泡好的茶葉入鍋，用油炒至微焦香，加上生薑、花生米、蒜

彩雲之南

等配料，邊捶邊炒，捶炒至茶葉黏鍋，有香氣溢出時即加入濃濃的骨頭湯，只聽得吱啦一聲，蒸汽散去，黃褐色的油茶在鍋裡沸騰著，兩三分鐘後加入食鹽，用竹漏把茶水分別濾入碗中，撒入蔥花、香菜末即成。油茶清香可口，滿桌的佐食小吃也非常誘人。炒米（陰米）、炒花生米、炒大豆、油炸甘薯片、粑粑、豬血大腸釀、辣椒釀等擺滿了一桌子，讓你不得不羨慕起這裡老百姓舌尖上的幸福。打油茶這道美食在中國雲南、貴州、湖南、廣西地區的瑤族、侗族等少數民族中十分流行，當地有些人家甚至一日三餐均以油茶為食。據說恭城一個四口之家一年平均要打掉六七十斤茶葉，而目前中國人均年飲茶量算上儲藏、深加工等各種茶葉一起不超過 1 公斤。油茶富含營養，可使人身強體健、容光煥發。試想一下，這種古老的食茶習俗只要稍稍推廣一下，我們當今的賣茶難題可能便迎刃而解了。茶文化的宣傳、茶美食的推廣任重而道遠啊！

廣西恭城、昭平一帶的打油茶

3. 薑鹽茶　我的家鄉所在地湖南汨羅、湘陰一帶，家家戶戶常以薑鹽茶待客。薑鹽茶由大豆、芝麻、薑、

鹽、茶、水泡成。茶具包括吊壺、奶油罐、砂缽和茶杯。吊壺放在煤爐上燒水，生薑在砂缽中擂碎。炒熟的大豆、芝麻放入奶油罐裡，鹽放入砂缽中，倒一點開水在砂缽中，將薑末和鹽一起沖洗進奶油罐裡，再倒開水至奶油罐中。搖動罐子，將泡好的薑鹽茶倒進一個個茶杯中。泡薑鹽茶的技術十分講究。大豆、芝麻要炒得恰到好處，炒得不夠有生味，不香，炒過了也不行，有焦味。鹽的量多了不行，少了不行。薑要老薑，茶要嫩的綠茶。五樣東西放的量都要適宜。搖罐倒茶也需要技術，罐要搖勻，倒茶要不快不慢，使得倒出的每杯茶中的大豆、芝麻、薑、茶葉一樣多。薑鹽茶一般由家庭主婦沖泡，而剛嫁過來的新媳婦第一件要學的本領就是泡好一杯薑鹽茶。

大　　理

我父親在世時，家裡從未斷過下關沱茶。湖南菜油水重，父親每餐飯後，必泡那釅釅的沱茶來解膩。說來慚愧，一直以來，我竟然不知道下關在何方。2012年7月底，全國高等院校茶學學科組會議在雲南農業大學召開，幾天的會議開完，立即與我大哥黃仲先及已經畢業的研究生趙文霞前往大理。昆明到大理搭乘公車有好幾小時的車程，還好我大哥一肚子的知識，博覽群書，記性又好，又會說，沿途所經過的地方，幾乎都能說清它的歷史與地名演變，所以，不覺得無聊。車子穿過大小山嶺，突然眼前出現一大片的開闊地帶，遍地綠油油的莊稼不禁讓人想到這是個好地方。過縣城，知道叫祥雲縣，從大哥這裡，我第一次得知它原名雲南縣，雲南省的名字就是取自這個雲

彩雲之南

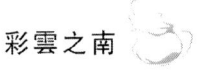

南縣。車過祥雲，下一個坡，很快就到了大理，說是大理，但終點站顯示的是下關，原來，下關就在大理！

學生范戎的家就在大理，她和她爸爸在車站等我們，一聊，她爸爸與下關茶廠比較熟，於是決定到茶廠去走走。茶廠褚副總經理和楊經理接待了我們，褚副總經理是安徽農業大學茶學專業畢業，楊經理則是華南農業大學茶學專業畢業，兩個茶學科班畢業的主管為我們詳細介紹了下關茶廠的發展，又帶我們參觀了茶廠的陳列室。不愧是名牌企業和名牌產品，有完整的產品發展歷程，陳列室有許多1950、1960年代的沱茶樣品。

晚上住在大理古城的段氏客棧。大理古城位於橫斷山脈南端，居於蒼山之下、洱海之濱，在唐宋時期是雲南的政治、經濟、文化中心。古城內文物古蹟眾多，城池基本保存了古色古香的格局。大理居民主要為白族，文明程度相當高，從幾個方面可以略略看出：一是白族女子的服飾非常漂亮，二是白族菜餚十分精細，三是白族的民居非常講究。白族民居最常見的是「三坊一照壁」，比較大的是「四合五天井」的樣式，大多一層住人，二層作為儲物等用。白族建築通常採用殿閣造型，飛檐串角。除大門瓦檐和門楣花飾部分用木結構外，其餘以磚瓦結構為主。大理石頭多，白族民居大都就地取材，廣泛採用石頭為主要建築材料。木質部分榫卯結合，與磚瓦部分錯落有致，精巧嚴謹。樓面以木雕、石刻、大理石屏等組織成豐富多彩的立體圖案，既富麗堂皇又不失古樸大方。人們常以蒼山雪、洱海月、上關花、下關風來描述大理的美景，因此，風花雪月四個字被許多人家書寫在樓面上，形成了一道與中國別的地方風格明顯不同的亮麗色彩。暑期的大理古城

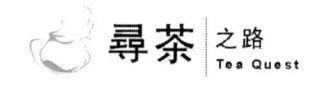

就是個不夜城，涼爽的氣候、傳奇的景色、古老的文化將世界各地的遊客吸引到這裡。這裡位於中國西南邊陲，天黑時間本身就比內地其他地方晚近兩小時，我們傍晚八點多出門，天還沒有完全暗去。滿街是熙熙攘攘的各地遊客，混在人流中緩步而行，一半是看街景，一半只能是看遊人了。走著走著，一塊白族三道茶的招牌吸引了我們。進入茶室，選了一個靠前面的位子坐下，我們饒有興致地觀看起三道茶的沖泡程序。所謂三道茶，第一道苦茶，名雷響茶，茶葉被烘烤得微黃之時注入沸水，茶罐裡發出隆隆之聲，猶如響雷。這道茶味濃釅，入口苦澀。第二道甜茶，往碗裡加上核桃片、乳扇絲、紅糖末等佐料，沖上滾燙的茶水，芳香甘甜。第三道回味茶，用蜂蜜加花椒、薑片、桂皮，沖上茶水。因為白語中辣與親、麻與富同音，因而第三道茶也有親密、富貴等祝福之意。喝過三道茶，走出茶室，街上行人漸少，一輪新月當空。

感通寺裡的大理茶

大理感通寺位於點蒼山聖應峰南麓，在大理古城和下關之間，距大理古城 5 公里，距離下關稍遠，有 10 公里。感通寺背靠積雪終年不化的蒼山，面對碧波蕩漾的洱海，古時又名蕩山寺。始建於漢，重建於唐。清初重建時，寺庵下移至今址。感通寺歷史久遠，歷經滄桑。據明代大旅行家徐霞客記載，感通寺「隨岩逐林，無山門總攝」，擁有僧廬三十六房，與洱海邊著名的「三塔寺」同等規模。其正殿為「大雲堂」，在今感通寺西南，有遺址尚存。

感通寺的感通茶產於寺院中，因寺得名。感通寺至遲

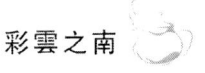

到明代就已經有了規模化茶樹種植和製茶。1639年3月，徐霞客在感通寺看到的已經是「中庭院外，喬松修竹，間作茶樹，樹皆高三四丈，絕與桂相似。時方採摘，無不架梯升樹者。茶味頗佳，炒而復爆，不免黝黑」。此外，對感通茶的記載還有多處。《明一統志》稱：「感通茶，感通寺出，味勝他處產者。」萬曆年間，謝肇淛在《滇略》一書有「茶，點蒼感通寺之產過之，值也不廉」的記述。這些都足以證明感通茶是雲南的歷史名茶。

雲南大理白族人，明嘉靖五年進士、滇中巨儒李元陽在《大理府志》記載：「感通茶，性味不減陽羨，藏之年久，味愈勝也。」他曾邀雲南巡按劉維同遊家鄉的感通寺，寺僧以感通茶相待。李元陽、劉維與印光法師參悟禪茶，劉維還授予印光法師烹茶新法。後來，李元陽在寒泉旁建了「寒泉亭」，劉維專門寫下了茶中名篇《感通寺寒泉亭記》：

點蒼山末有蕩山，蕩山之中曰感通寺，寺旁有泉，清冽可飲。泉之旁樹茶，計其初植時不下百年之物。自有此山即有此泉，有此泉即有此茶。採茶汲泉烹啜之數百年矣，而茶法卒未諳焉。相傳茶水並煎，水熟則渾，而茶味已失。遂與眾友，躬詣泉所，並囑印光取水，發火，拈茶如法烹飪而飲之。水之清冽雖熱不解其初，而茶之氣味則馥馥襲人，有雋永之餘趣矣。

懷著對感通寺及感通茶的無限嚮往，翌日一早起來，我們便租車前往感通寺。車子開到點蒼山下面，我們下車，開始爬山。山路很陡，兩旁的松柏參天聳立，幸而寺廟並不很高遠，約莫一小時的攀爬，我們便來到了感通寺的山門。與大理其他寺廟相比，這裡路途較遠，行人稀

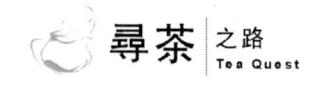

少，因而顯得異常寂靜，對於感通茶以及慕名而來的茶客而言，卻未嘗不是好事。未及參觀大殿及其他景點，我們一行人馬上向僧人打聽感通茶樹的所在，經指點，往左手邊拐了兩道牆，進入一個院落，看到兩株大茶樹靜靜地矗立在院子裡，似乎在等著我們。靠牆一株茶樹很大，旁邊一株稍微小一些，兩株茶樹長勢健壯，一大一小像兩把真絲的陽傘，為這點蒼山中的寺廟撐起一院子的綠意。站在茶樹下仔細地端詳枝幹、葉片及果實的特徵，還是遠了一點，乾脆爬到樹上去看個清清楚楚、明明白白。靠牆大的這株芽葉茸毛極少，果實較大，標準的五室，無疑是大理茶。較小的這株，芽葉茸毛較多，果實較小，有五室也有四室、三室，應該是大理茶與雲南大葉種的自然雜交後代。

大理茶與茶同屬茶組植物，但不同種，相當於兄弟關係，大理茶之所以被稱為大理茶，是因為它的模式植物樣本取自於大理感通寺。今天我爬上去看清楚了，這株大茶樹是大理茶，那麼，明代徐霞客、劉維、李元陽他們看到的到底是不是大理茶呢？對於感通茶記載最清楚的是《徐霞客遊記》，讓我們再看一下他那段文字：

中庭院外，喬松修竹，間作茶樹，樹皆高三四丈，絕與桂相似。時方採摘，無不架梯升樹者。茶味頗佳，炒而復爆，不免黝黑。

這段文字的資訊量頗大。據我看來，至少包括以下五方面的內容：一是感通寺的茶樹是與松竹間作栽培的；二是這裡的茶樹很大，種植時間很長；三是感通茶品質風味很好；四是感通茶是一炒到底的綠茶，「炒而復爆」，炒是指殺青採用的炒青工藝，爆是指乾燥採用的炒乾工藝，

彩雲之南

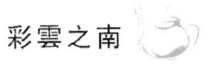

大理感通寺的大茶樹

因此是一炒到底的工藝，與今天的廣東客家炒茶一樣；五是感通茶乾茶顏色黝黑。這黝黑兩個字大有來頭，如果是雲南大葉種即普洱茶種，芽葉茸毛特多，據此工藝做出的茶應該是銀毫滿披的，而芽葉茸毛極少的大理茶做出的茶

葉才會顏色「黝黑」。因此，當年徐霞客他們看到的感通茶樹就是大理茶。

這年的霜降前後，我電話范戎，請她再到感通寺，幫我們採摘茶籽。范戎這時已經在中國科學院昆明植物研究所讀研究生了，於是，她專門回了一趟大理老家，和她父母一起又跑了一趟感通寺，幫我們採到了珍貴的大理茶茶籽，這些茶籽後來在華南農業大學茶樹資源圃中長成了7株大理茶樹。看到這些茶樹就會想起范戎，多麼純樸的雲南女孩，謝謝妳以及妳的父母啦。

喜洲——茶馬古道的中轉站

看了感通寺及寺廟裡的茶樹後，我們下山繼續在洱海邊驅車前行。蒼山倒影在海面上，碧波蕩漾的洱海襯托著高原上的藍天白雲，一路上處處有古蹟，處處是風景。但給我印象最深的是布局嚴謹、氣度不凡的喜洲。

喜洲是大理文化的發祥地之一。早在唐初，這裡就是大理六大部落即「六詔」之一的邆賧詔首府，詔王咩羅皮常住於此。南詔統一「六詔」後，南詔第六代王異牟尋又把都城遷到了這裡，歷史上稱「史城」。南詔王第十代豐祐時期，將王宮遷到了這裡，長達22年之久。後來南詔國、大理國主管工商業的行政機關「禾爽」就設在喜洲村，看來，自古喜洲就是西南地區政治、經濟和文化中心之一，對這一大片富庶之鄉起著統領和中樞的作用。明代初期，這裡有「其中花木蓊鬱，人才豪傑超乎太和之外，而為四境之精華也」的讚譽。

背靠蒼山、東臨洱海的喜洲，占盡了地理交通上的優

勢。整個大理市就位於西南交通樞紐的位置上，從內地到這裡，往左手走，到騰衝，跨國界即到緬甸等東南亞國家，往右手方向，到麗江、香格里拉而進入藏區。四方的物資集中到大理，在古代，這裡的物資全靠馬幫運輸，因此，喜洲就成了茶馬古道上最重要的中轉站之一。來往的馬幫商旅在這裡貿易、整憩、補給；多元的文化在這裡匯聚融合。一撥又一撥的馬幫來了又走，馬蹄聲聲，為這裡馱來了經濟的繁榮、工商業的發達與生活的富庶。喜洲商人靠經營茶葉、布匹、金融等生意逐步發家致富，在第二次世界大戰前後，形成了以四大家、八中家、十二小家為主的滇西第一商幫「喜洲幫」，商號遍布全國及東南亞。

在喜洲，不可不吃一種芳香四溢的喜洲粑粑。這種粑粑當地叫破酥，面粉發酵後，加豬油土鹼揉匀，做成圓形小塊，有甜、鹹二種，甜的以紅糖、豆沙包心，鹹的揉進火腿或椒鹽蔥花，用吊爐裡燒紅的木炭將兩面加熱烤熟，香酥可口，油而不膩，酥而不脆。這種在茶馬古道上飄香千年的美食如今吸引著八方遊客的味蕾。我甚至邊吃邊在想，廣州要是有人做喜洲粑粑多好啊，我可以每天早晨來一個。

說起茶馬古道及馬幫，近年的文字可以說是汗牛充棟。但我想借用俄國人顧彼得著、李茂春譯的《被遺忘的王國》中的一段文字來還原一個真實的茶馬古道及馬幫生活：

清晨四點鐘我們被叫醒。匆忙吃了早餐，接著是喊叫聲和鑼聲。牢牢地拴在鞍架上的駄子在院子裡排開。爭鬥著的騾馬立刻被牽進來，當然伴隨著許多有傷風化的咒罵聲。每一個駄子由兩人舉起，迅速安放在馬鞍上，然後讓馬小跑出去到街上。我手頭的行李很快被拴在一個類似的馬鞍上，鋪蓋打開成坐墊，全部新玩意兒都披掛在一匹馬上。

尋茶之路 Tea Quest

接著我被舉到馬背上,「噓」的一聲馬被趕走,趕馬人向我叫喊,要我過大門時小心頭。在外面,馬幫的其他小分隊正從鄰近小房子湧出。鑼聲一響,額頭上裝飾有紅色絲帶、絨球和小鏡子的頭騾被牽出來。馬幫的頭騾向前走時,牠先回頭看看是否一切就緒,接著開始以輕快的步伐走上大道。接著二騾跟上,二騾的裝飾不如頭騾漂亮,但是牠還是很有權威的。馬上整個馬幫就出現在牠們後頭,牠們朝前走時形成一個縱列。趕馬人穿著鮮豔的藍色上衣和寬大的短褲,在馬後邊奔跑。他們戴著美麗如畫的、用半透明防雨絲綢做的寬邊帽,帽子上有一束彩色帽帶。

觀察馬幫行進的速度使我驚奇不已。馬幫在平地或下山時,速度相當快,趕馬人務必做到毫無理由地放開馬跑。趕馬人任何時候都在用可以想得出的最汙穢的語言向前趕著牲口,還向牠們扔小石頭和乾土塊驅趕。這樣急速前進三小時之後,我們來到一條平靜的溪流邊,這有一塊優美的草地。馬幫停了下來,馱子卸下放成一排,趕馬人架起大銅鍋,開始煮晌午飯。卸了鞍架的牲口吃著飼料,喝著水。馬嘶叫著,開始在地上打滾。由於馬幫費中包括了吃住,趕馬人給我們發了碗筷,要我們跟他們一起吃。我們面對面地坐成長排,從擺在中間的大盤裡盛飯菜。任何人都不許坐在兩頭,因為趕馬人相當迷信,他們說任何人坐在頂頭都會堵了路,接著就會有災難。

作為中轉站的喜洲積累了巨大的財富。「倉廩實而知禮節」,富裕起來的有識之士一般會讓後代多受教育,中國許多的禮儀之鄉便是這樣形成的。喜洲是禮儀之鄉,自古就有「文獻之邦」的美譽。在科舉考試的古代,喜洲號稱「二甲進士八十個,舉人貢爺數不清」,好學之風蔚

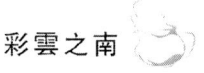

延，出現了「一門三進士，同榜四舉人」的盛況。喜洲不但讀書人多，而且為人處事講究「節」、「義」。明弘治十四年（1501），同住喜洲，可能還是同宗的楊士雲和楊宗堯同年去應考雲南鄉試，兩人一樣優秀，均可獲得第一名，高中「解元」，然而，同科「解元」只有一人，兩人竟然相互「讓解」，最後，楊士雲中「解元」，這則「讓解」典故成為千古佳話，也為喜洲的後人樹立了高尚的精神榜樣。

巍山古城

在洱海邊遊覽的時候，范戎一路陪伴著我們，她就是大理人，因此是最佳的導遊了。據范戎介紹，南詔國的古都城是巍山古城，這個古城因為比較偏遠，遊客罕至，因此，知道的人不多，但古城保留得非常完整。在大理古城、喜洲等處，我們無不感受到了八方遊客掀起的滾滾人潮，正想找個幽靜一點的地方去探訪古蹟，於是決定翌日租車前往巍山。

汽車到達巍山古城的城牆底下，一股渾厚古樸的氣息便迎面吹來。這裡文化底蘊深厚，氣候宜人，街上行人悠閒自在。巍山是南詔國的發祥地，古城始建於元代，街道以拱辰樓為中心，呈規則的井字結構排列，房屋則完整地保存了明、清時代的建築風格。汽車在一個鋪滿麻石的廣場停下，下得車來，我們環顧四周發現這個廣場雖然不比天安門廣場的雄偉寬廣，但不失那種皇宮廣場的氣勢。巍峨地屹立在面前的是拱辰樓，高高的城門洞，高高的城牆，城牆塗的是朱紅的顏色，與北京的紫禁城一樣。拱辰樓是巍山北城樓，「魁雄六詔」、「萬里瞻天」兩塊巨匾

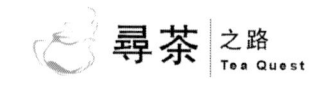

分別安放於城樓南、北兩面，氣勢十分雄偉壯觀。

范戎一路在車上說著巍山古城的各種美食小吃，引得我們沒來過的幾位垂涎欲滴。進得城門，我們一行就直奔美食街了。巍山小吃品種果然多！餌絲是雲南對米粉的稱呼。巍山光餌絲就有十幾種之多，扒肉餌絲、過江餌絲、小鍋餌絲、砂鍋餌絲、炸醬餌絲、滷餌絲、炒餌絲、涮餌絲等讓人目不暇接。米糕和粑粑也是這裡的招牌美食，式樣繁多。在湘西的靖州苗族侗族自治縣我吃過美味的馬打滾，這裡有牛打滾；在長沙常吃臭豆腐，這裡也有油炸臭豆腐；在家鄉汨羅有遠近聞名的長樂甜酒，這裡也有小碗甜酒。徘徊在這樣的小吃一條街，讓人不得不感嘆巍山人對美食的發明能力。粗粗算了一下，這條街的小吃品種不下兩百種。只有在一個長期安定富足的地方，人們才能創造出如此眾多的打動味蕾的妙物啊！

我們幾個研究茶的人總是本能地將目光聚焦於茶葉之上，美食街也有茶的身影。不同於大理白族的三道茶，這裡人們常喝的是烤茶。將特製的小土陶罐放在火塘邊，陶罐烤熱後，放入茶葉，然後不斷地抖動小陶罐，使茶葉在罐內慢慢烤焦變黃，待茶香四溢時，將沸水沖入陶罐內，此時聽到「吱」的一聲，陶罐內泡沫沸湧，茶香飄散。待泡沫散去後，再加入開水至其沸騰，即可飲用。這樣烤出的茶十分濃烈。夏季的雨天，巍山這裡非常涼快，甚至可以說有些冷，但喝了兩杯烤茶後我的後背還是冒出汗來了。幸好不愁沒有茶點，滿街都是。這種小陶罐不及人的拳頭大，土陶製作，拙態可掬。街邊特產店有賣，一問，兩元一個，買了六個，除了自己留一個，其餘的回來後全

部送給研究生了。

到巍山收穫滿滿，吃了好幾種美食，喝了小罐烤茶，看了古色古香的老街和民居，該往回走了，天下著大雨，還有幾小時的車程呢。出得城門洞，我們不由自主地再次久久仰望那莊嚴華麗的拱辰樓。

2015年1月的某天，晚飯後看電視，巍山拱辰樓出現在新聞裡，這座建於明代的城樓不幸被大火燒毀了！那火光沖天的畫面實在讓人看不下去，後來在網上搜尋，看到是由其上面的茶館電氣線路故障引發火災。不由感慨，幸好那次去了巍山，而在風雨中巍然挺立了五六百年的古城樓哪裡知道自己行將灰飛煙滅？

巍山古街

（左起：黃亞輝、范戎、黃仲先）

巍山拱辰樓

中國是茶樹的起源地，也是茶道的起源地。唐代陸羽《茶經》裡早已說到茶最宜精行儉德之人。當今盛世，中國茶文化空前發展，從業人員遍地開花，魚龍混雜。那些言必稱茶文化，一味宣揚茶葉所謂的「高、大、上」，乃至處心積慮地以文物古蹟為茶樓、茶室的人，與精行儉德的中國茶道精神是多麼格格不入啊！

勐庫看茶

2012年8月2日，行車6小時，翻越無量山，我們到達臨滄。到市茶葉辦公室，李主任和江鴻建副主任接待，很是客氣。8月3日由臨滄市茶業科學研究所副所長李國用開車到雙江拉祜族佤族布朗族傣族自治縣（以下簡

稱雙江縣）勐庫戎氏茶葉公司參觀，公司部分茶園是中國農業科學院茶葉研究所主持的聯合國糧農組織有機茶項目基地，茶園邊堆了許多有機肥，茶樹長勢很好。公司創始人、董事長戎加升陪我們一邊喝茶一邊聊公司的發展歷程，他精明能幹，話鋒甚健，與我大哥可說是棋逢對手，相見恨晚。整個下午基本是他們兩人在聊天，我安靜地喝著茶聽著他們說話，覺得是一種莫大的享受。和談得來的朋友聊天能讓人開啟思維，改變觀念，受益匪淺；傾聽別人的聊天，你有充足的時間邊聽邊思考，認為對的你可以吸收採納，認為不對的你可以丟到一邊，難怪說「沉默是金」。

茶場有幾十年的老茶園，為勐庫大葉種群體。本來安排到冰島古茶園去考察，由於前段時間大雨，路不好，沒法去。於是仔細看了這片群體茶園的性狀。勐庫大葉種主要分布在雙江縣勐庫鎮，是1985年中國農作物品種審定委員會認定的國家級有性系茶樹良種，編號是GS13012—1985。芽葉肥壯、茸毛特多、茶多酚含量高、酚氨比較高、適製紅茶是這個群體品種的特點。從戎加升的談話中，我還得知，1950、1960年代，廣東曾大規模從勐庫這裡引種過茶樹。

古茶園掠影

雲南古茶園與古代尤其是明代的茶馬互市有關。古茶園分布範圍廣，古茶樹長勢大多也很健旺，這當然與當地雲南大葉種頑強的生命力分不開。在過去，古茶園一直是茶樹資源研究者的樂園，因為這些茶園是古代勞動人民透

過採集本地茶樹種子，採用有性繁殖方法獲得，因此，一片古茶園往往涵蓋了當地茶樹資源的諸多基因資訊。伴隨著普洱茶產業的興盛，雲南老茶園已經成為許多茶葉愛好者的旅遊觀光勝地。每年春天開始，各式各樣的古茶園茶旅項目紛至沓來，古茶樹儼然成了「明星、紅人」，紅男綠女爭相與之合影留念，好不熱鬧。說來慚愧，我到雲南古茶園考察不過五六次，一共六七個地方，與有些資深的茶客比較起來，只怕是小巫一個了。眼見為實，在此談談我所見到的古茶園。

勐宋保塘：位於勐海縣勐宋鄉壩蒙村委會保塘。由在勐海發展的學生李隆達開車兼嚮導，我和妻子曾貞先後於2013年、2015年兩次到勐宋保塘古茶園。隆達的公司在這裡建有初製所，我們在初製所裡喝了茶後便上山進茶園了，這是一片古茶園，海拔1 800～1 900公尺，周圍住戶很少，是拉祜族百姓。上山途中碰到一位拉祜族婦女，一隻狗跟在她身邊。還在老遠，狗就開始猛吠起來，保護牠的主人，這老婦人身著民族服裝，比較矮小，悄悄地喊住了她家的狗，又悄悄地從我們身邊走了過去。保塘這裡的古茶樹已經有西雙版納傣族自治州農業局進行過資源普查，個別特別大的茶樹已掛牌標記。我們來這裡一次是4月，一次是8月，有茶果可看，花則還只是花蕾，剝開也可以看到花柱、子房的形態。根據茶果特徵，有3室和5室之分，也有部分2室、4室果。3室果的茶樹芽葉多茸毛，子房多茸毛，花柱3裂，是雲南大葉種；5室果的茶樹芽葉茸毛稀少，花柱5裂，子房有茸毛，本地人稱為黑茶，其實是大理茶種。部分2室、4室果的茶樹應該是這兩個茶種植物的自然雜交後代，芽葉有茸毛。

勐宋保塘古茶樹
(左起：黃亞輝、李隆達)

帕沙：位於勐海縣格朗和鄉。隆達的公司在這裡建有

初製所，由他開車帶我和曾貞 2013 年到過這裡。山路崎嶇陡峭，尤其是快進寨子的那一段路特別差，汽車幾乎都是在大塊的卵石上跳動，路窄，邊上便是深深的懸崖。隆達說他白天在初製所加工茶葉，差不多都是凌晨一兩點再開車回縣城。我們對此深表憂慮，幾次提醒他要注意安全。初製所建在村民樓上，主人大名二二，我不僅好奇起來，結果他掏出身分證給我看，沒錯，是二二。原來，帕沙寨子裡住的是哈尼族的一支，愛尼人，他們取名的習慣是以父親姓名的最後一個字為姓。比如由二二的名字就知道，他父親名字的最後一個字是二；至於第二個「二」字，則指的是他可能在兄弟中排行老二，也可以取別的名字。據說老班章村民原先是由帕沙遷過去的，隆達的愛人森蘭是老班章村的，她家就有親戚在帕沙村。還有傳說老班章村茶樹的種子也是由這裡帶過去的，當然由於年代久遠，需要考證。帕沙古茶園海拔 1 500 公尺左右。主要是雲南大葉種，但在山頂有大理茶種的大茶樹，根據分布，似乎還是野生型的，並非由古人栽種。

巴達：2013 年及 2015 年兩次由李隆達陪同考察。我們所到的茶園只有幾十年樹齡，還不能算古茶園，但屬於有性繁殖方式，因此，可以作為資源調查一下。據我們調查，這片茶樹主要為雲南大葉種，其中夾雜了不少大理茶以及它們的自然雜交後代。巴達茶樹王就在這裡的大黑山上，是這裡典型的野生大理茶樹。雖然兩次到巴達，但是因為時間關係都沒能進入大黑山一睹茶樹王的風採。而且，就在前兩年，竟然傳來了巴達茶樹王已經死亡的噩耗！保護古茶樹真的已經刻不容緩了！

賀開：2016 年由普洱茶公司邀請，到賀開古茶園進

行了考察。賀開古茶園面積大，海拔 1 700 公尺左右。據我們調查，這裡的茶樹為雲南大葉種，極少見到大理茶。

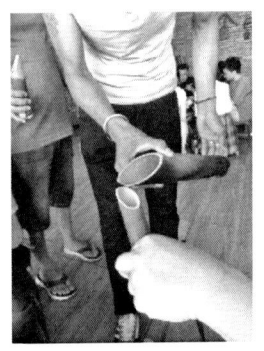

在賀開茶山初製所吃過午飯，請當地村民做了一頓野味十足的竹筒烤茶。村民在初製所旁邊升起一堆熊熊大火，將鐵架擺放在火中。就地取材，砍下幾根青竹，將竹子砍成幾節，每節上部削尖，盛滿山泉水後靠著鐵架放在火中燒煮。另一位村民已經從邊上的古茶樹上採來茶梢，將竹片一頭劈開做成夾子夾住茶梢，置於火邊慢慢烘烤，茶香在空中飛散。竹筒要不時滾動方向，為的是不使竹筒燒穿。待筒裡的水燒開，茶也烤製成了，用竹夾夾住茶葉放入竹筒中一道煎煮，數分鐘後取出茶葉。將竹筒茶湯分注於小竹筒中飲用。我喝了兩筒茶水，只覺得這茶特別的清冽甘甜，入口雖有苦味，但回甘很快，香氣則混合了烤茶和新鮮竹子那種特有的清香。據說這裡的村民白天上山工作，一去很遠，一般要隨身攜帶飯食，而茶山中就有，他們就最愛享受這野趣盎然的竹筒烤茶。

隨處煎飲的竹筒茶

這是我看到的最原始、最野性的「弄一杯茶」的方

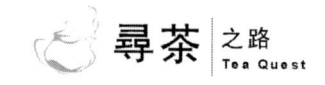

式。從古至今,「弄一杯茶」的方法很多,因此稱呼也很多,比如點茶、煎茶、泡茶、煮茶等,但面對今天這個竹筒烤茶的盛大場面,我本想用一個更貼切、更簡單的詞來描述,苦思卻不可得,看來還是英語簡單,不管你怎麼弄,弄一杯茶出來就是 make tea。

老班章:到過多次,以下單獨介紹。

南糯山:南糯山位於西雙版納景洪到勐海的公路中間,交通是雲南各古茶園中最為方便的。20世紀所封的茶樹王就在南糯山上,趙樸初的「南行萬里拜茶王」,拜的就是這株茶王樹。當年我剛到湖南省茶葉所上班,看到刊物上趙樸初那蒼勁有力的題詞,曾經萌生過強烈的衝動:要到雲南南糯山去看看茶王樹。那時沒有條件,沒去成。後來,傳來當年的茶王樹已經老死的噩耗,那顆要到南糯山拜茶王的少年心也漸漸地平息下來了。遺憾的是,這幾年在雲南轉了不少茶山,但去最方便的南糯山卻已是2020年了。這年7月初應雲鼎柑普茶葉公司邀請,到南糯山進行了考察。之前聽雲南省茶葉所長介紹過,他們所原來就建在南糯山上。一上山就感覺南糯山與別的古茶山不同:這裡山連山、嶺接嶺,並不顯得挺拔險峻,而是體現出一種寬廣舒暢的氣度。古茶樹很多,從果實和芽葉來看,都是雲南大葉種茶樹。不過葉片的變異很大,就葉面積而言,甚至發現有小葉種的茶樹。

章朗:2020年7月初應雲鼎柑普茶葉公司的邀請,還去了章朗古寨。這個寨子十分偏遠,近兩年才通的公路。車子停在路邊,走一段山路進茶園。就長勢而言,這裡的古茶樹長得非常好,樹幹很粗大,十分古老,但從葉片色澤上看,這些古茶樹卻有著翠綠的顏色和閃閃的反

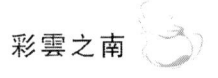

光，呈現出年輕的狀態。公司邀請了一位樂師同行，在古茶樹林子裡，樂師用隨身攜帶的古塤信手吹奏了幾支曲子，古塤嗚咽纏綿，古樹迎風莎莎和鳴，使人流連忘返。

章朗的茶樹王

章朗古茶樹中大理茶很多，依據對周圍茶樹茶果的觀察，大致估算了一下約有 1/4 是大理茶。這次隨行的人不

少，不乏資深茶客，見我摘下一個個茶果仔細觀察，都好奇地問到底有什麼不同。我耐心地作了解釋。「今天太有收穫了。喝了一輩子茶，還真沒聽說過什麼大理茶，更不知道一個茶果區別這麼大。」一位同行者說。從茶果到芽葉，與雲南大葉種茶樹相比，其實大理茶的葉片也頗有特點，基本上能夠辨認出來。首先，大理茶芽葉茸毛稀少；其次，大理茶葉片表面光澤感極強；再次，大部分大理茶葉柄部位呈紫紅色。中午在章朗寨子裡吃午飯，布朗族的菜餚很有特色，竹製的飯桌上擺滿了飯菜，其中有幾樣叫不出名字的野菜，許多菜是用箬葉包好的，揭開葉片即可享用。飯後喝茶，章朗的普洱生茶香氣清遠、滋味清醇，沒有別的山頭新鮮普洱生茶的苦澀感，可能與大理茶占有較大比例有關。

也說老班章

大概在2006年，湖南省茶葉所同事周曉東一次從雲南出差回來喊我去喝茶，他興致勃勃地介紹雲南出差的見聞，拿出一塊圓形餅茶給我看。我揭開茶葉包裝綿紙，看到這塊餅茶表面幾乎全部是由茶芽做成，燈光下面像一塊銀色的緞子一樣。他說到老班章村，我剛開始還以為是「老班長」，後經他說明才知道錯了。之前很少喝普洱茶，那晚喝了這塊餅茶，說實話，印象不深。調來廣州之後，才漸漸知道了這個老班章在普洱茶界的「江湖」地位。真正喝老班章茶，乃至到老班章村去，還是因為我的學生李隆達在做這個茶。

李隆達是廣西梧州人，華南農業大學2007級茶學專業學生，跟著我做的畢業論文試驗。隆達人很聰明，做事

老班章古茶林
(左起：韋穎、李隆達、黃亞輝、何颯)

非常踏實、肯做。他本來考上了研究生，但人生的目標很明確，那就是要在茶葉市場上幹出一番事業，因此，乾脆放棄讀碩士，直接進入公司工作了。為人誠實又能幹，老闆於是將一份最為重要的工作交給了他，那就是到雲南普洱茶各大產區收購高檔原料。也正是這個機緣，讓他有機會深入老班章、勐宋、帕沙、巴達等有名的山頭，更巧的是，在茶山工作的同時，他還邂逅了老班章村的哈尼族女孩森蘭，後來他們幸福地結為夫妻。

　　老班章是布朗山中的一個寨子。布朗山位於勐海縣東南方向，是一個鄉鎮。布朗山鄉轄7個村委會：勐昂、章家、新竜、曼囡、結良、曼果、班章。全鄉地處山區，境內山巒起伏連綿，溝谷縱橫交錯。最高點在北部的三堆山，海拔2 082公尺，是南部山系中最高的山峰；最低點在西南部的南桔河與南覽河交會處，海拔535公尺，全鄉平均海拔1 216公尺，是明顯的立體氣候。

尋茶之路 Tea Quest

班章村位於布朗山鄉的東北部，由老班章、新班章、老曼峨、壩卡因、壩卡竜五個自然村組成，平均海拔1 500公尺，森林覆蓋率達80%，年平均氣溫18~21℃，年降水量1 374毫米。這裡森林茂盛，土壤肥沃，常年雲霧繚繞。老班章相傳於1476年建寨，屬於班章村委會最北的哈尼族寨子，平均海拔1 770公尺，保存的古茶園面積廣、樹齡大，其茶葉以滋味濃厚、回甘快速、香氣濃郁持久而著稱。

地處偏僻邊陲的小寨，祖祖輩輩以茶為生，出一趟大山，到一回勐海縣城都是極不容易的事情，他們可能做夢都不曾夢見過會有今日的盛況。今天的老班章早已名聲在外，四面八方的茶人慕名而來，實際上，這裡已經成為一個旅遊勝地了。

我到過幾次這個寨子，留下最深印象的還是隆達送給我的一本小冊子——《和森老班章普洱茶生茶製作流程及標準》。老班章茶除了品種及環境條件優異以外，加工技術方面幾乎沒有人說得清楚。這本小冊子用通俗易懂的語言把和森老班章茶的環境條件，尤其是加工技術、品種要求寫得清清楚楚，這對老班章乃至整個普洱茶產業無疑具有十分重要的參考價值。現將部分條目文字摘錄如下，以饗讀者：

鮮葉採摘

1.1 準備工作　在進行採摘的前一天需對茶園進行巡視，記錄茶樹生長的大致情況，做好採摘計劃，包括每塊茶地需要分配的人員數量，需要採摘的植株分布。

在採摘的當天組織好採摘工人，按照不同地塊需要的人手數量將工人進行分組，在分組的時候要注意將熟手工

人均勻分配到各組,保證每個小組都有至少一名工人熟悉茶園地界,並清楚採摘標準。

帶隊人員帶領小組進入茶園後,按照採摘計劃與小組落實好需要採摘的茶樹,檢查工具、飲用水、防護服裝,交代好採集鮮葉的時間,方可前往下一片茶園。

只允許對發芽成熟的葉子進行採摘,不允許對發芽過老的或是過嫩的茶樹進行採摘,盡量保證鮮葉嫩度均勻,杜絕掃蕩式的採摘。

採摘人員需分工明確,負責採摘某一款產品的茶青的人員,只採摘對應的茶樹,並使用有標識的袋子、竹筐、竹蓆對茶青進行分類管理。

1.4 鮮葉管理　採茶人員在採摘時應以茶地的窩棚為圓心,先從離窩棚較遠的茶樹開始採摘,有坡的從坡上開始,遵循從遠到近、從高到低的順序。採摘時要養成勤空手的習慣,降低茶青被攥在手中的時間從而減少紅梗紅邊發生的機率。

採茶人員禁止隨身攜帶水壺,及時把採下的鮮葉放在窩棚裡攤涼方可喝水休息。跟隨採茶隊出行的駕駛員在採摘開始滿2小時起(乾旱天氣時要酌情縮短收鮮葉的時間間隔),無論窩棚內鮮葉的數量多少,都應收回窩棚內正在攤涼的和採茶人員隨身攜帶的鮮葉返回初製工廠。

攤　涼

2.8 鮮葉受損的現象　如果葉梗斷面出現紅梗,葉片邊緣出現損傷,則表示鮮葉管理出現問題。記錄下相關的採摘人員和回收鮮葉的人員,對採茶人員的採摘手法,攜帶鮮葉的方式及採收鮮葉的時間間隔等方面進行追溯。

對於因鮮葉管理失誤造成鮮葉攤涼過度的情況,總量

超過 6 公斤的可以考慮改製紅茶，量少的可盡快挑撿出損傷嚴重的鮮葉而後殺青，單獨使用紅色記號筆標記「萎凋」，不可混入合格的鮮葉中加工，製成乾茶後進行審評，決定此批次茶葉用途。

殺　　青

3.1　設備　老班章村堅持使用鐵鍋柴火殺青。首先是考慮到老班章的傳統製茶工藝和茶葉的風味要求，不能使用電熱殺青鍋。目前市面上推行的電熱殺青鍋普遍存在加熱不均勻、鍋溫波動、總功率不足的情況，且老班章村存在斷電的風險，故不採用電熱炒茶設備。

日光乾燥

5.2　抖撒的方法　雙手抓起理條好的茶葉，舉過頭頂，身體前傾，上下抖動腕部，使手中的茶團自然散開下落，同時轉動身體，改變茶葉散落的位置。直至有兩層茶葉均勻落在竹蓆上，靠近竹蓆邊緣的部分要留 10 公分左右的空白。撒好的茶葉條索間有充分的空隙，可以看到竹蓆，如果看不到竹蓆證明抖撒得太密。

5.3　防範事項

5.3.1　曬青過程中，在茶葉快要接近乾燥的階段需要每 20 分鐘巡視曬青中的茶葉。檢查包括抓和嗅，抓是透過抓起一把茶葉感受條索的彈性判斷大致的含水量，含水量越低，條索的彈性越好，足乾的茶葉莖部可以清脆地折斷；嗅是感受茶葉散發出來的香氣。

5.3.2　如果曬青時天氣有可能降雨的跡象，要將擺放竹蓆的不鏽鋼架子的輪腳解鎖，並將旁邊茶室的椅子全部收起來，保證暢通，隨時準備將曬架推入室內。除特殊天氣情況，不可將茶葉放在玻璃曬茶棚中晾曬。

待茶葉的含水量下降，條索展開，茶毫顯銀白色，手抓有清脆的聲響時要進行翻面，翻面的操作是先將竹蓆的4個角依次向中間捲起，再將一個長邊向中間捲起，使茶葉自然捲成一個大圍，再用抖撒的方式將茶葉重新均勻鋪開即可，一席茶葉在曬青的整個過程中只翻一次。

5.4 曬青適度的判斷　撿出一根較為粗壯的茶葉，掰茶梗，如果茶梗清脆地斷開，斷面平整則可判斷含水量已經很低。再捧起一把茶葉聞香氣，如果有明顯的茶香和日曬味，則可以收起裝箱，如果香氣不是很明顯，則可以繼續曬，但必須頻繁查看，避免曬青過度。

5.5 曬青過度的表現　在巡視中如果嗅到茶葉散發出令人感到不愉悅的味道，說明茶葉曬青過度。曬青過度的茶葉必須另外裝箱，並用紅色記號筆標記「曬青過度」，不能進入生茶產品製作後續的環節。

5.6 曝曬的表現　如果曬茶席上出現了很多乾茶發紅，這是茶葉受到過強日光曝曬的表現。出現這種情況應該立刻將茶葉轉移至陰涼處，待陽光柔和後再繼續曬乾，已經出現乾茶發紅的要將整席的茶葉裝箱並標記「曝曬」，不能進入生茶產品製作後續的環節。

滇東南的野生茶樹

滇東南，包括文山市的麻栗坡、馬關、富寧、西疇等7個縣，差不多個個縣都有野生茶樹。

到滇東南考察野生茶樹的念頭是一次到廣西凌雲出差時產生的。2014年，凌雲縣邀請我參加名優茶品比，空閒時，同是評委的一個廣西百色專家聊到廣西德保有大片

尋茶之路 Tea Quest

的野生茶樹被毀，令人痛心疾首。經過詢問，得知是厚軸茶種。德保位於廣西西南部，靠近雲南東南部。以往從虞富蓮等專家的文章中獲知，滇東南生存著許多野生大茶樹，早有深入進去一探究竟的想法。今天一聽，即打定主意，馬上行動。回到學校，即開始查找有關文章，認真蒐集資料，聯絡可能有幫助的人，因為從未去過滇東南，盲目地跑過去可能會一無所獲。經過文獻查找，我們決定首先到麻栗坡縣，這裡報導有厚軸茶樹。另外，老山位於麻栗坡縣，想去看看。透過熟人和朋友，輾轉聯絡到當地的兩位嚮導，電話中他們說知道這個茶樹。

2015 年 7 月 28～31 日

在麻栗坡縣李姓、高姓兩位嚮導陪同下，我們去下金廠鄉看厚軸茶，這個群體主要是厚軸茶，還有少數普洱茶。最大一株基部直徑 1 公尺，另一株也有 70 公分。採了兩個大茶果和枝條及幾株小茶苗寄回學校。29 日到猛硐，連日大雨，不能上山，向當地茶農了解到此處也有大果茶，即厚軸茶。30 日離開猛硐，老山戰場就位於這個鄉，沿途看到許多當年戰場遺址。31 日，到麻栗坡烈士陵園參觀。

7 月 26 日，我和妻子曾貞開車出發了。在南寧歇了一晚，27 日傍晚到達麻栗坡。麻栗坡縣城位於一條深深的峽谷之中，往文山方向去的公路旁，走左邊岔路，陡坡，一直往下走，幾個彎，走到底，就是縣城了。一條小河流過縣城中間，河的右邊是一條主要街道。我們一邊小心地開著車，一邊尋找著街邊的賓館。最後，差不多到了

彩雲之南

街的盡頭,有間比較大的酒店——大王岩酒店。我們停車辦理了入住。這間酒店的特色從電梯裡就能體現出來。電梯裡傳來的歌聲是部隊的軍歌,鏗鏘有力。進入房間,乾淨整齊。床頭櫃上擺放的厚厚一疊書籍被我一眼就看到了,稍微一翻,全是當年的戰場實錄。

翌日晴天,早起後站在酒店平臺上看風景。麻栗坡縣城很小,那條小河流水湍急,酒店左手邊是塊巨大的岩石,山上修建了石梯,應該是開發成了休閒公園。大塊岩石上鐫刻了「大王岩」幾個大字。早餐後李姓、高姓兩位嚮導如期趕到,我們驅車前往下金廠鄉。如嚮導所擔憂,我們的小車底盤太低,一路上下來了幾次,撿走石頭才能勉強通過。走了兩個多小時,來到一個埡口,嚮導說停下。下來走了一段就氣喘吁吁,問曾貞,也說很累走不動。一看海拔儀,將近2 000公尺。從平地來的我們看來還是有些高原反應。於是在草地上歇了下來。跟嚮導聊天,他們說現在的位置在當年就是戰場,有地雷,周邊村子裡的牛來吃草,有被炸斷了腿的。見我們擔心起來,嚮導說戰後這裡排過幾次雷,不用擔心。但畢竟有些擔心,走路只敢走有人走過的地方。下了一個坡,拐彎,嚮導指著對面山坡上一株大樹要我們看,說那就是大果茶。遠看與一般的大茶樹沒有兩樣,枝繁葉茂。漸漸地走近了,再看,發現樹上吊了許多果實,果很大,果柄很長,初看像一樹青綠的梨子。走到樹跟前,才真正地感受到了這株茶樹的巨大,基部直徑達1公尺左右,有3個大的分枝。樹上掛了很多茶果,摘了一個,剖開,果皮很厚,5室,有粗大的果軸,茶籽七八粒,不規則,屬厚軸茶無疑。爬上山坡,開車到一個寨子跟前,嚮導喊了一個村民帶路。村

尋茶之路 Tea Quest

民姓王，用隨身攜帶的柴刀為我們砍出一條小路。跟著他們，我們來到寨子背後的山上。一路上有美人蕉一樣的植物，我問老王，說是香料——草果，扒開草叢，根頸部果然有鮮紅的果實。在這裡看到數株大茶樹，看果實，也當屬於厚軸茶。其中一株下面生長著五六株茶苗，我提出能否挖出來帶走，老王爽快地答應了，並用他的柴刀很快挖了出來。

下山的時候我留神看了山腳的一些茶樹，是雲南大葉種。我問老王這些樹是什麼時候種植的，他說不是他們種植的，也是野生的。往回走的時候天下起了雨，我更加小心地開著車，終於在天黑前趕回了縣城。

暑期調查茶樹資源有些問題，既沒有茶花，也沒有成熟果實，野生茶樹在這個時候一般也沒有幼嫩芽葉可採。從麻栗坡回學校後，下半年跟村民老王聯絡了多次，10月霜降前後老王幫我們寄來了一些茶花和茶果。茶果全部是厚軸茶的，但從茶花特徵來看，還有個別是大廠茶的，這引起了我們極大的興趣。大廠茶主要分布於滇東的師宗、富源以及貴州晴隆、普安一帶，看來也有傳播擴散至滇東南麻栗坡一帶的。

為了採集單株茶葉樣品，深入分析其生化成分，我和曾貞又於2018年春節過後來到了下金廠。這次需要的時間長。老王說他哥一家過年回來幾天，現在又外出打工了，就住他哥家裡吧。這是個農家小院，有老屋一棟，老屋前建新屋一棟，前後兩棟砌起圍牆就成了一個院子，我和妻子還從未享用過這樣的農家院子呢。

老王還有八九十歲的父母雙親要照顧，於是吃飯就安排在村民老姚家。老姚兩口子在家，家裡餵了十幾頭豬，

彩雲之南

厚軸茶古茶樹

是全家主要的經濟來源。老姚家的豬食都在山上，是那種野山芋的塊莖，每天一早兩公婆上山挖山芋，採野菜，回家切碎混勻餵豬，豬吃得津津有味。這幾天一日三餐我們都在老姚家裡吃，餐餐有那讓人垂涎欲滴的一大碗雲腿切片。這裡的雲腿不像鄧諾、宣威火腿。老姚家火塘上掛滿

了火腿、整邊的豬排以及豬肚包著的內臟，火塘裡面整天整夜不熄火，因此，這裡的火腿是柴煙燻出來的。燻製半年以上，外觀油光發亮，顏色黑不溜秋，洗淨，切成片直接吃，肉香、木香恰到好處地混合在一起。吃野菜長大的土豬，味道甜美無比，尤其口感，有肥有瘦，肥而不膩，入口即化。回家時我特地買了一邊豬排。肉排取下，用柴草擦洗乾淨，黑裡透紅，七八斤重，我笑著說，這像樂器琵琶啊，乾脆美其名曰琵琶火腿吧。

火塘上的肉林

雲南由於地處高寒山區，農村幾乎家家都有火塘。火塘是一家人團聚的地方，火塘也象徵著日子的紅紅火火，因此，火塘裡的火是日夜不息的。老姚家的火塘除了燻製火腿以外，主要功能是烤火及燒水泡茶。和我們在巍山喝的小罐烤茶差不多，這裡也是喝這種烤茶。不過這裡的罐

彩雲之南

子稍大,而且是鋁罐。老王是烤茶高手,手腳麻利,烤罐、裝茶、輕輕抖動罐子翻炒茶葉,頃刻間,茶香飄滿房間。提起吊壺,開水一沖,刮掉泡沫,篩茶(將茶水注入小杯),一切都十分嫻熟連貫。我在旁邊看著,心想,這何嘗不是一套特色的茶藝程序?讓我們不得而知的是,火塘邊的罐罐茶到底是什麼時候就已經開始在這裡暗香浮動了?眾所周知,人類利用茶葉經歷過藥用、食用及飲用3個階段,但這只是就大體而言的,對於偏居西南一隅的雲南少數民族,茶樹就是他們屋後山坡上的一株野樹,茶葉隨手可得。他們利用茶葉的歷史很可能遠遠早於書籍上的文字記載啊。

雲南麻栗坡的罐罐茶

喝罐罐茶的同時,我也好奇地想知道,本地人喜歡喝什麼茶。是大果茶?還是別的?結果他們很清楚,大果茶不好喝,而且喝了還會腹痛,他們喜歡喝的是山腳下的小果茶,即雲南大葉茶。無獨有偶,在廣西金秀,人們也早

就知道，禿房茶（雖然他們不知道名字）不好喝，沒味。這讓我明白了何以厚軸茶、禿房茶這些野生種茶樹能夠完好地保留至今，而雲南大葉種這樣的野生茶樹今天已經很難看到蹤影的原因。與當地人的聊天，讓我產生了想比較系統地分析幾種野生茶種，比如厚軸茶、禿房茶、毛葉茶等的成分和品質，看看這些成分與品質之間關係的想法。後來，博士生曾雯把這些數據整理成了一篇英文論文。

古茶樹的保護

考察各地野生大茶樹及古茶園時，總有當地政府主管和熱心人士對古茶樹的樹齡津津樂道，動輒以千年古樹宣稱，有的甚至巴不得要專家當場給出樹齡估算，好作為宣傳背書。我到過這麼多地方，從未對古茶樹給出過樹齡的估計。因為雖有年輪可以用於計算樹齡，但隨著樹齡增加，年輪越來越挨得近，最後便連生在一起，根本無法計算清楚。何況茶樹生長土壤、山坡方向等均可影響其生長速度，根據樹幹直徑更是無法估算樹齡。倒是每到一個山頭，那些古茶樹的生長狀況讓人擔憂，幾乎過半的古茶樹根頸部被害蟲蛀孔，樹幹被掏空；幾乎所有古茶樹苔痕纍纍，老態龍鍾；古茶樹周邊土壤嚴重板結等，不一而足。我本人雖不從事古樹保護的研究，但感覺情況十分嚴重。因此，推薦山西省太原市園林植物研究中心謝興剛的一篇文章——《淺淡古樹名木保護中的技術要求》，其中對古樹保護技術措施有較為詳細的介紹，希望給中國眾多的古茶樹帶來一縷福音。

彩雲之南

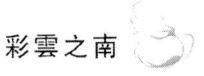

金花普洱茶

　　普洱熟茶（熟普）的安全性如何？我不好妄加評論，因為沒做過這方面的專門研究。但我不能喝熟普，因為喝過後十有八九腹瀉，這倒是實實在在的親身經歷。另外，熟普在中國尤其是珠江三角洲地區廣受歡迎也是不爭的事實。君不見，廣州的早茶夜市、茶館家居有幾處不是一壺熟茶在壺中翻滾？作為茶學專家，面對這個狀況不可能視若無睹，總得想想辦法。

　　熟普是普洱生茶（生普）經過渥堆發酵工藝製作而成。茶多酚、兒茶素大量被氧化、轉變，茶色素類物質如茶紅素、茶褐素則大量產生，香氣也由生普的茶香轉變為熟普的陳香。相對於生普而言，熟普茶多酚、兒茶素含量大幅度降低，苦澀味下降，刺激性降低，這可能是它受歡迎的主要原因。常規的方法是透過增加濕度，促進微生物生長，這固然能夠達到品質轉變的目的，但自然條件下，微生物的種類幾乎無法控制。是否有辦法既可使生普品質朝向熟普轉變，又可控制微生物的種類，確保茶葉的安全性？這是我們進行金花普洱茶研究的初心。

　　金花菌，學名冠突散囊菌，是茯磚茶的優勢菌種。還在湖南工作時我們就對它進行過分離、培養。自然首先想到的是能否讓普洱生茶長上金花菌。2010年，我們聯合湖南省茶葉所鄭紅發、周曉東、黃懷生幾位老同事開始了普洱茶的發花試驗，試驗在長沙的一家黑茶公司工廠進行。開始以為簡單，在雲南長不出金花，那是氣候環境的問題，到湖南應該可以的。第一批沒採取任何措施，從雲

南買來幾百斤生普毛茶，就按照安化茯磚茶來做。結果不行，長出的全是白色棉絮狀的菌絲體，當地叫白黴，也稱風黴，沒有金花菌。金花普洱茶研究並沒有項目經費支持，一下丟了幾百斤普洱茶，不得不引起高度重視。

　　作科學研究首先要有明確的目的，也就是初心，在研究過程中要做到初心不改，其次是要善於及時發現關鍵問題。有時候問題找到了就等於完成了一半的研究任務。認真分析起來，普洱生茶發花有幾個問題：一是普洱生茶的茶多酚含量是黑毛茶的兩倍左右，茶多酚對微生物有很強的抑制作用；二是黑毛茶的纖維素含量高出普洱生茶兩倍多，而纖維素是冠突散囊菌的重要營養物質。按照解決問題的思路，接下來作了幾批試驗，金花普洱茶的加工工藝漸趨成熟，產品兼有普洱和菌花香氣，湯色金黃，滋味醇厚，經過幾年陳放，香氣更為融合協調，湯如琥珀，滋味甘醇。獲得了金花普洱茶，於是在2014年安排我的碩士研究生蔣陳凱對普洱生茶發花過程的生化變化以及金花普洱茶的降脂活性開展了研究。濕熱作用沒有微生物參與，也會導致茶葉成分的改變，因此，增設了一個濕熱作用的處理。以下是她碩士論文的摘要：

　　（1）普洱生茶發花後多酚類物質、游離胺基酸總量極顯著減少，黃酮含量顯著增加。濕熱作用使普洱生茶多酚類物質極顯著減少，黃酮含量顯著增加，而對游離胺基酸總量無顯著影響。發花對普洱生茶兒茶素、生物鹼的總量和組成影響顯著，酯型兒茶素含量減少，簡單兒茶素、沒食子酸、咖啡鹼含量顯著增加。而濕熱作用對普洱生茶兒茶素、生物鹼的組成及比例無顯著影響。

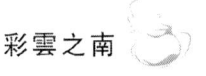

（2）共檢測出普洱生茶發花前後46種揮發性香氣物質，其中酯類3種，醇類10種，醛類6種，碳氫化合物14種，酮類10種，酸類1種，雜氧化合物2種。酯類的含量最高，碳氫化合物的種類最多。普洱生茶發花後酯類和醇類的相對含量增加，而在濕熱作用處理中這兩類物質的含量均減少。微生物的物化動力和代謝作用，使水楊酸甲酯、氧化芳樟醇Ⅱ（呋喃型）大量增加，使β-環檸檬醛、苯甲醛、二氫獼猴桃內酯、橄欖醇含量大量減少。

（3）正常培養的HepG2細胞呈多邊形梭狀排列，邊緣較清晰，細胞內見染色脂滴。150 g/mL OA（油酸）誘導的高脂HepG2細胞形態變圓，邊緣清晰，細胞內的脂滴位於細胞膜內側邊緣，環繞於細胞核周圍，呈環狀排列。普洱生茶發花後的乙酸乙酯層提取部位對高脂HepG2細胞的脂質抑制效果最明顯，最佳抑制濃度是80 g/mL，其抑制效果超過同濃度下的陽性對照藥物辛伐他汀。且普洱生茶發花後的乙酸乙酯層中的兒茶素和生物鹼的總量最高。

寬葉木蘭化石

我一個學生的父親在雲南景洪工作，他透過這個學生與我取得了聯絡。當得知2020年7月初要出差到雲南時，他要我無論如何抽時間與他見一面，作為老師，這是不好推辭的。第一晚正好住在景洪。晚飯後約老劉來酒店坐坐，但他邀請我到他家去，盛情難卻，於是上車跟他去了。

喝了一泡普洱茶後，老劉略帶神祕地對我說要拿樣東

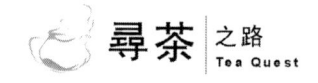

西給我看看，然後轉身開門進另一間房，一陣窸窸窣窣後，手裡托著兩塊石頭出來了。「古茶樹，這是幾千萬年前的古茶樹，嘿，老師，你是專家，你看看。」燈光下我拿起石頭仔細看了起來，首先看質地，確定不是人造的石頭，確實是塊真石頭。然後再看那裡面的東西。這石頭裡面有樹葉化石，石頭最外面被敲掉後露出一片十分完整的葉子，其餘還有多片不完整的。初一看，的確跟茶樹葉片一樣，大小也與雲南大葉種差不多。另一塊石頭顏色偏紅，不僅有葉片，還有種子，巧的是這種子也與茶籽一樣，看得出來，還是半球形的。

我知道貴州晴隆曾經出土過類似古茶樹種子的化石，也看過雲南省地礦局區域地質調查所何昌祥的《從木蘭化石論茶樹起源和原產地》一文，文中提到寬葉木蘭可能是茶樹的原始始祖的觀點。

我問他，這化石從哪裡得到的？起先他不肯說，接下來，告知我，是雲南景谷、景東這一帶出土的。我心裡有數了，這應該是塊寬葉木蘭的化石，何昌祥文中的寬葉木蘭化石就是在景谷出土的。走之前他大方地將那塊有葉片的化石送給了我，讓我帶回去研究，而有果實的化石沒送，因為太少見了。

得到這塊化石，我第一時間打電話給中國科學院昆明植物研究所的老朋友楊老師，與他說了大致情況，想徵求他的看法。「笑話，這就是個笑話，木蘭目是所有被子植物的共同祖先，怎麼能夠說這就是茶樹的始祖呢？」電話那頭，楊老師邊笑邊大聲說。因為是老朋友，說話直接，態度明確。

彩雲之南

寬葉木蘭化石

　　把這塊沉甸甸的化石帶回學校，我反反覆覆不知道看了多少遍。根據葉脈、葉片形狀等判斷，這塊石頭裡面應該至少有3種樹木的葉片。最上面，也是最清晰的那張葉片就是寬葉木蘭。這片葉子長11.5公分、寬4.5公分，葉脈8對，為封閉式網狀葉脈，葉柄長於0.5公分，葉尖漸尖，葉緣無鋸齒；種子化石有幾粒，種徑為2～2.2公分，有球形的，大多為半球形，也有個別呈不規則狀。從這些數據來看，與現今存在的相對原始型的大廠茶、厚軸茶、大理茶，甚至雲南大葉種均極為相近，唯葉緣無鋸齒不同。何昌祥的文章也主要表達的是兩者形態極為相近這一事實。

瑤山深處

初到金秀

2012年6月15日,學校科技處處長打來電話,說有沒有時間到他辦公室去一趟,廣西一個茶葉企業來學校尋求技術指導。推門進去後,一個60歲左右的人從沙發上站起來與我握手。處長介紹說,他姓李,是廣西金秀一個茶葉企業的老闆,想請學校推薦茶葉專家幫他們提供科技指導。這時我發現李老闆右手帶著棉紗手套,隱約現出不全的手形。李老闆自我介紹了起來,聲音洪亮,普通話蠻標準的,我心裡暗地思忖,是個有故事的人啊。原來他就出生在華南師範大學,是個正宗的老廣,父親是華南師範大學的化學系教師。他風趣地說五山這一片是他們小時候玩耍的地方,那時候這裡大部分還是農田,晚上一出門,青蛙、泥鰍可以抓到很多。中學在廣州市四十七中讀書,學校後面就是華南農業大學的一大片茶園,下課放學後有事沒事總愛和同學們到茶園裡面玩玩。他原先在東莞一家國企工作,右手就是那時受的工傷,後來公司改制,已經

瑤山深處

年紀不輕的他毅然辭職出來自謀出路。在廣西平南開了一家石灰廠，效益很好，精製過後的石灰銷往廣東和臺灣等地。但近年國家對企業環保管控越來越嚴格，他擔心自己的小石灰廠過不了關，於是有了轉行的念頭。去年夏天和朋友到享有「世界瑤都」稱譽的金秀避暑，看到滿街的茶店，喝了那裡的茶。由於正值暑期，來避暑的外地遊客很多，家家茶店生意興隆。他和朋友一合計，決定看看到這裡投資做茶葉的可行性。縣裡原來投資興建了一個規模較大的茶葉加工廠，但後來空置起來，縣領導正在積極招商引資，同時縣裡也答應了一些優惠條件，於是，李老闆就買下了這個加工廠。現在最大的問題是他沒做過茶葉，不懂茶，因此，想到了小時候常來玩耍的華南農業大學，有那麼大一片茶園，肯定有茶學專業，也就有茶葉專家了。60歲左右的年紀，換作別人已經到了享受天倫之樂的時候，況且還受過工傷，只有左手能夠正常做事，因此我很佩服他這種拼搏精神，於是爽快地答應他，並約好時間到他廠裡先去看看。

2012年7月4日，從廣州白雲機場乘機約1小時就到了桂林兩江機場。李老闆已經在這裡等我了。小汽車走高速公路到陽朔，下來吃了一碗有名的桂林米粉，再往前走，只有普通公路可走了。桂林山水甲天下，陽朔山水甲桂林，車窗外一幅幅精美的山水圖畫撲面而來。車過荔浦，風景陡然一變。桂林那些石灰岩小山不見了，代之以整齊劃一、精耕細作的千里平疇。荔浦是個老縣，元鼎六年（前111）即已置縣，隸屬蒼梧郡。荔浦檳榔芋個頭大、肉質好、氣味芬芳，歷史上很有名。近年這裡興起砂糖橘的種植，車子跑了幾十公里，路兩邊所見都是這種矮

矮綠綠的橘子樹。再往前走路邊的砂糖橘漸漸少了起來，一座高大的山體突然橫在車前，路牌提示，進入金秀縣境了。金秀的山與桂林的山完全不同。桂林的山由石頭構成，像盆景裡面的小山，挺秀綺麗，石頭縫裡點綴著一些小樹和雜草；而金秀的山才是真正的大山，山勢雄偉高大，山體土層深厚，樹木蒽蘢。山裡天黑得很快，車子呼呼地穿梭在夜色中，頭頂一輪明月照著，潔淨無瑕，兩旁黑魆魆的山影迅速地往後倒去。汽車走了將近三個半小時後進入了一片通明的燈火中——金秀縣城。

在縣城酒店休息一晚，第二天吃過早飯又開車進茶廠，茶廠在大樟鄉一個叫古董的村裡，大概還要三小時的車程。前面一節路是昨晚走過的，昨晚上山，黑暗中沒看得清楚的風景正好今天下山可以好好欣賞一下。路隨山轉，只見崇山峻嶺，千岩萬壑，層層疊疊。路邊一條歡快的小溪迂迴縈繞，奔騰跳躍著一路陪伴著我們到了山下的桐木鎮。在這裡往左拐，與昨天從桂林來的路分道揚鑣了。出桐木鎮，路旁是一望無際的水稻田，若不是有路牌時時提醒，真的會誤以為回到我的家鄉湖南——魚米之鄉了。開車從桐木鎮到大樟鄉，必須先要經過象州縣。象州也是個很古老的縣，顧名思義，象州曾經是有大象出沒的地方，滄海桑田，氣候變遷，這裡如今早已不見象的蹤影。據傳，這裡又是禪宗六祖慧能（638—713）的修隱地之一。近年在距離象州縣城數公里的象州鎮雞沙村西山半山腰處發現了六祖岩，岩洞裡發現了許多可能與六祖慧能有關的石刻。

離開象州縣境，出國道往左走約40公里到大樟鄉，大樟鄉往古董村還有三四十公里，全是泥土路。由於前兩

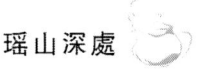

天剛下雨，車子差不多是在厚厚的黃泥漿中一路滑行過去的。走到路稍好一點的地方，這時左手邊的山坡上出現了成片青翠的茶園，右手邊一個有著二三十棟泥牆土樓的村寨散落在青山下。古董村到了，茶廠就在村裡。茶廠是前幾年由廣西壯族自治區投入專項資金修建的，規模比較大，紅茶、綠茶生產設備齊全，現在由李老闆買下來經營。我好奇地問李老闆為什麼這裡叫古董村，他說他剛來不久，也不知道，只知道這是個瑤族村寨，以前靠賣八角為生，十幾年前縣裡大力發展茶葉生產，在這裡種了不少茶樹。因此，村民除了八角以外，每年還有茶葉收入。

廠裡修了幾間帶廁所的宿舍房子，睡在這裡，安靜至極。天上繁星點點，瑤寨燈光若明若暗，茶廠邊上一條小溪流過，水聲汩汩，催人入夢。第二天上午有瑤民送來了茶鮮葉，一問，有福鼎大白茶、福鼎大毫茶及桂綠1號等品種。公司除了管理人員是廣州帶過來的外，其他生產人員全是邊上村裡的瑤民。當天我帶他們做了一批紅茶，雖是夏季，但品質還可以。由於有課要上，李老闆送我到桂林，匆匆地結束了第一次金秀之行。

金秀這個地方

2012年8月，接到李老闆的電話，他還想請我過去指導一下紅茶、綠茶的加工，而且他與縣裡主管茶葉的領導提到我，縣裡也想與我們商談一下合作的事宜。當時正在湖南，湖南不愧火爐的稱謂，天天烈日當空，驕陽似火。我接到電話，搭乘飛機趕到桂林，李老闆安排司機接我到金秀。過荔浦剛進入金秀境內，周圍群山高聳，綠蔭

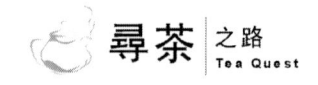

匝地，立刻讓人感覺到一陣涼意。到了縣城一下車，陣陣涼風迎面吹來，旅途的疲勞消失得無影無蹤。對於一個剛從湘中火爐裡逃出的人來說，簡直是到了閬苑仙境、人間天堂了。

金秀瑤族自治縣成立於 1952 年，由原來的修仁、象州等縣的部分鄉鎮組建而成。全縣大部分地方位於廣西大瑤山主體山脈上，東鄰蒙山縣，東北接荔浦市，西北接鹿寨縣，西靠象州縣，西南與武宣縣接壤，南部與桂平市及平南縣毗連。金秀可以說是一個中國南方的山縣。以縣城來說，海拔 800 公尺左右，四周全是山，夏天從外地進到這裡，頓時感到涼風習習，暑氣全消。金秀、三角、忠良、羅香、長垌、六巷等鄉鎮及三江鄉一部、大樟鄉大部地區位於大瑤山主體山脈上；桐木、頭排等鄉鎮及三江鄉、大樟鄉一部地處大瑤山主體山脈下的丘陵地帶，有小片平原及臺地。大瑤山，又稱大藤瑤山，是南嶺西部、廣西弧形山脈中部偏東的一座大山，從荔浦、蒙山、平南、金秀、桂平、武宣、象州、鹿寨等縣（市）的平原和丘陵區中間拔地而起，整個山體呈現東北向西南走向，南北長 93 公里，東西寬 62.4 公里，將雲南和廣東分隔成東西兩個氣候完全不一樣的地域。

大瑤山山高、坡陡、谷深、脊線明顯多向。地質古老獨特，岩層主要由寒武紀古生代水口群及泥盆紀陸源濱海-淺海相碎屑岩沉積組成。地勢由邊緣向中心升高，山脊線一般在海拔 1 000 公尺以上。金秀瑤山分布著海拔 1 300 公尺以上的山峰 60 多座，如天堂嶺、猴子山、蓮花山、羅漢山、五指山、聖堂山、龍軍山等，多為丹霞地貌。其中最高點聖堂山，海拔 1 979 公尺，方圓百里，山

瑤山深處

金秀羅漢山

體龐大，為廣西中部第一高峰，廣西第五高峰，頂坡尚有冰川遺蹟「石河」與「石海」。

　　大瑤山山高谷深，日照少，雨量多，濕度大，又是廣西最大的水源山，擁有廣西面積最大的天然水源林。山內每年蘊藏著 25 億公尺^3 的水量，經 29 條呈放射狀的河流分別流入周圍 7 縣（市），匯入柳江、潯江、桂江，最終匯入珠江。

袖珍的縣城

　　金秀縣政府駐金秀鎮，海拔 800 公尺，三面環山，正後方是老山林場，一條涓涓的小溪自山中流出，流到山下，至縣城最大的酒店。酒店取了個很好聽的名字，叫盤王谷大酒店。再往下流去，就進入縣城了，在這裡溪面變得寬廣起來，將整個縣城一分為二。看得出來，金秀縣城

尋茶 之路 Tea Quest

金秀縣城

雖然極小，但一定是經過了設計師精心設計的。小溪兩岸採用磚石壘砌，專門留出地方種上了銀杏、紫藤、三角梅等花草樹木供人們休閒觀賞。五六座小橋依次橫跨在小溪

上，將兩岸的人家連為一體。橋上有雕梁畫棟的涼亭，往裡面一坐，兩岸街市熙熙攘攘的車流、人流盡收眼底。街上的房子，一律瑤族風格，灰牆青瓦，石灰勾線。整個縣城宛如大瑤山中的一條綵帶，大約1公里長。在縣城的另一頭，也就是開車進縣城的入口處，小溪匯入一個大湖——香草湖。香草湖就像大山裡面的一顆珍珠，又像瑤族女子手中的那面明鏡。沿湖四周都鋪設了步行道，架設了照明燈，傍晚時分，人們愛到湖邊漫步，晚風輕拂，湖面波光粼粼，湖岸人影憧憧，難怪金秀被譽為「休閒之都」了。縣城左手邊的山更高，一條公路盤山而上，依據離縣城的距離，分別取了一些地名，如四公里、八公里等。

滿街山貨特產

　　金秀這個袖珍縣城，散步一圈不過1小時。略略地看了一下，兩面沿街的茶店不下50家。各店以經銷茶葉為主，也銷當地的其他山貨特產。店內一般設茶座一席，瓷質蓋碗配以無色透明玻璃小茶杯。茶分茶園茶和野生茶兩種，幾乎全為紅茶。金秀人喝紅茶的歷史已有多年，不是近年才興起的。茶園茶一般多毫，原料匀齊，賣價稍低；野生茶色澤黑潤少毫，條索粗細不匀，賣價較高。據了解，金秀全縣每年野生茶的產銷量已達1.5萬公斤以上。

　　金秀滿街都是特產，在這裡要把這些山裡的東西全部寫完是不可能的，那需要一本大部頭的書籍。我在這裡只想就我特別感興趣的幾種挑出來說說。甜茶是大瑤山有名的特產之一。作為一種天然的甜味植物，在瑤族民間應用已有悠久的歷史。1970、1980年代即有科學研究單位對

尋茶之路 Tea Quest

金秀野生甜茶進行了專門的檢測與研究，發現甜茶素（甜茶糖苷）含量高達 6‰～7‰。金秀甜茶一般生長在 800 公尺以上的高海拔地方，自然環境優良，是天然的綠色食品。2016 年寒假我們一家三口去日本旅行。日本的藥店遍布街市，店裡琳瑯滿目地擺放著各式各樣的中成藥，丸劑最多，也有不少以茶劑的形式出現，如健胃茶、清肺茶、美顏茶等。在這些茶劑裡面我看到了一款「甜茶」，包裝上標明產自中國南方一個神祕的地方，具有抗過敏等功效。我和妻子相視一笑，那就是金秀吧。

大瑤山裡野生著很多絞股藍，絞股藍還有一個響亮的名字——南方人蔘，為葫蘆科絞股藍屬植物。絞股藍是多年生草質藤本植物，莖細長，葉腋生捲鬚，葉色墨綠，邊緣有鋸齒，圓錐花序，果球狀小花，成熟後黑色。五六月割下絞股藍藤蔓，鮮葉採下製成絞股藍茶，藤風乾後也做茶喝。藤和葉中都含有人蔘的成分——人蔘皂苷。

每個店裡都擺放著靈芝、香菇、木耳這些菌類。大瑤山氣候溫暖濕潤，植被豐茂，古木參天，原始森林裡有許多的立枯木和倒地木，非常適合菌類的生長。

靈香草是當地一種名貴的土特產，只在光、溫度、濕度、土壤等環境條件適合它生長的極少數地方可以發現它的蹤影。作為一種天然香料植物，靈香草留香能力強，長年氣味芬芳，久存不散，可維持 30 年之久。靈香草具有防蟲、驅蟲的特殊功效，據說是許多藏書家保存古籍善本的獨門祕笈。

為了強身除病，各個民族在漫長的生存過程中都摸索出了一套自己的醫藥系統。藏族有藏藥，蒙古族有蒙藥，黎族有黎藥，同樣，瑤族也有瑤藥。走進特產店裡，只要

瑤山深處

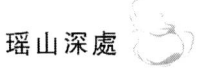

你問有什麼好藥材,主人一定會跟你介紹一種叫三葉香茶菜的草藥。三葉香茶菜可以殺死肝細胞內的病毒,淨化肝臟環境,修復肝細胞損傷。時下,廣西金秀聖堂藥業有限責任公司已經基於這個千年瑤藥的神祕配方,開發出成品瑤藥——複方三葉香茶菜片,產品對慢性B肝及B肝病毒攜帶者有明顯療效。

金秀街上各個特產店裡都會擺放幾盆石斛,碰上開花的季節,這些蘭科植物鮮花盛放,姹紫嫣紅,香氣撲鼻。石斛一身多用,除了花好看,貨櫃上更是少不了一捆捆石斛乾的身影。有些店家還將石斛切成段直接放入煮水壺中熬煮,用熬出來的水泡本地的紅茶喝。看到他們呼吸的是潔淨無比的空氣,喝的是用甘甜的山泉水泡的石斛紅茶,一個個紅光滿面、神采奕奕,作為外地的遊客,我們只有羨慕的份。還好,既然有機會來到這世外桃源般的地方,何不趁機喝個痛快!大瑤山盛產石斛。據說,光石斛的品種這裡就有17個之多。除特產店外,街上菜市場一帶也有不少擺攤賣瑤藥的,這裡也有各式各樣的新鮮石斛,偶爾,還可以發現有整段樹枝在賣,樹枝上面寄生滿了石斛,無疑,這些石斛都是野生的。

這裡的土沉香也非常有名。大瑤山峰高嶺峻,垮坡塌方時有發生,許多大樹就此深埋土中。多年後由於修路建房,這些埋在土中的樹木又重見天日。漫長的歲月中,一些富含油脂的木材在土中發生了奇妙的變化,出土以後陳香撲鼻,當地把這些出土的木材叫做土沉香。整段的土沉香木材不多,一般是腐爛剩下的木材塊。當地人就著這些木材塊的形狀進行打磨,往往稍加雕飾以後就做成了一隻小豬、一條小狗,或者是一座小山樣的工藝品,只要你走

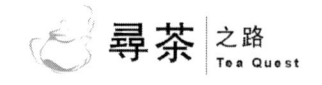

進這些小店，那木頭的形狀以及散發出來的香氣都在引誘著你，不買幾件帶走是很難的。

研究金秀野生茶如何？

在涼爽的縣城裡轉了一天，飽覽了大瑤山裡各種土特產，雖是盛夏季節也不覺得累。吃過晚飯李老闆說縣裡分管茶葉的黃主任想見見我，地點在一個茶莊。黃主任50多歲年紀，開朗健談，一見就知是那種極有主見、風風火火的地方主管。她老家是羅香鎮的，那裡有歷史名茶白牛茶，從小採茶做茶，因此對茶產生了一種近乎本能的喜愛。原來在鄉鎮工作，對茶葉的情感加上鄉鎮開門見山的環境條件讓她打定了主意——種茶能使百姓致富。大樟、六段成片的一兩萬多畝茶園就是那時發動老百姓開墾山坡種下來的。一邊喝茶一邊聊著，不知不覺話題聊到眼前這杯茶了。燈光下面雖然看不清楚茶湯的顏色，但香氣十分優雅，茶湯入口甘甜，且非常耐泡。一問店主人，說是金秀本地的野生茶。我說野生茶不是隨便說的，很稀少的東西，只在原始森林或天然林裡面才可能找到，那些散落在房前屋後的茶樹，再大也不是野生茶哦。店主人一笑，說，不懂野生茶還有這麼多規矩。見我這麼一說，黃主任倒是提起金秀應該有真正的野生茶，因為她小時候在老家就跑到白牛的山裡去採過那種大樹茶。因為我的研究方向是茶樹資源育種，聽她一講，我的興趣全被調動起來了，巴不得明天就到山裡去看看那些大茶樹。黃主任主抓縣裡茶葉產業，李老闆是從外面招商引資進來的，今晚本來要聊聊他的大樟古董茶廠的事，沒料到一說起野生茶就收不

了場，最後，我們都提出了是否可以合作開展金秀野生茶樹資源方面的研究。

又到古董茶廠

　　李老闆這次邀請過來主要還是想讓我到大樟古董茶廠再去幫他們改進一下工藝。在縣城停了一天，第二天我們又到了古董茶廠。由於是暑假，時間寬裕，這次多住了幾天。廠裡的設備其實比較齊全了，甚至連扁形茶都能加工出來。整體而言，因為當年種的是綠茶品種，加工綠茶比較容易，品質也好，近年紅茶市場興起，但加工紅茶時發酵時間依品種變化較大，不太容易控制。做了幾天紅茶，原先沒有試過的福鼎大白茶、福鼎大毫茶竟然也能做出品質不錯的紅茶，品種香氣還很突出，更令人振奮的是桂綠1號這個品種，明明是綠茶品種，但做出來的紅茶品質一流，香氣十分高雅。

　　一天晚飯李老闆無意中說了一句，廠子邊上老盤家裡的玉米地裡種有一些野生茶樹苗子。吃過飯趁著天色尚未全黑，我們去看了一下，果然是野生茶樹，葉片黃綠，形狀很像茶樹葉片，就是葉邊緣很少齒，樹乾枝條表面也比普通茶樹更為光滑。也許金秀的野生茶樹就是這樣吧，我對自己說。為了弄兩株野生茶樹給我帶回去，李老闆頗費了一些心思：明天準備請老盤來廠裡吃晚飯。第二天老盤和自己老婆一早就到山裡採八角去了，八角是縣裡許多農戶的主要經濟來源，喬木大樹，一種下去幾十年有收成，平時只需極少的施肥修枝管理。明月在山頭高高升起的時候，老盤才回到家裡。李老闆拿出從廣州帶來的「雙蒸

酒」招待老盤，當然老盤很爽快地答應了茶苗的事，明天到他家拿就可以了。拿到兩株茶苗，李老闆安排車子親自送我到桂林，這次做出了不錯的茶葉，又幫我們牽線了野生茶研究並且還弄到了兩株野生茶苗，我們一路上興致都很高，小車裡一路玩笑不斷。過桐木快出金秀時停車稍事休息，這時發現左手邊一塊木牌子上面寫著出售石崖茶苗，好奇心驅使我往苗圃去看看。這一看自己馬上就笑了起來，車上那兩株「野生茶」苗不就是這苗圃裡的石崖茶嘛！還是有點不甘心，到底這石崖茶是何方神聖？隨即從網路上查詢，石崖茶，亮葉黃瑞木，山茶科楊桐屬植物。同屬山茶科，難怪葉片很像茶，不過畢竟與茶樹的距離太遠了，連屬都不同，更不要說種了。回到車上與李老闆一說，他也大笑：思茶心切！思茶心切！看來這兩株石崖茶苗只好原物奉還給老盤啦。

野生茶樹考察的準備工作

向黃主任與縣委韋書記等重要主管介紹了我們聊到的野生茶樹問題，他們經過一段時間討論後達成了共識，應該與華南農業大學開展這方面的合作研究。於是，考察野生茶樹的各項預備工作就在我們實驗室緊鑼密鼓地準備起來了，研究生一聽說要深入原始森林找野茶，更是一個個興奮無比、摩拳擦掌，只等出發了。

野生茶樹考察是非常嚴謹的科學研究，事先由我妻子，也是資源育種團隊骨幹曾貞老師做了周密的安排與準備。大致說來包括以下三方面。（1）科學研究器材：標本夾、

編織袋、網袋、紅外測高儀、捲尺、經緯度儀、海拔儀、望遠鏡、照相機、枝剪等。(2)生活用品：雨衣、雨褲、雨靴、登山鞋、防蚊藥、感冒藥、止瀉藥等。(3)食物：餅乾。

標本夾以前承蒙中國科學院昆明植物研究所楊世雄老師贈送了一個。楊老師是中國山茶屬領域分類學家，以長年累月的野外科考出名。他送的標本夾果然好用，又結實又輕便，材質又好，韌性極佳。編織袋是預備裝枝條用的，因為我們的科考目的不僅僅是調查野生茶樹資源的蘊藏分布等，還要帶回枝條製作標本，而且枝條數量要盡可能多，要進行扦插，今後特異的單株還要進一步育種利用。網袋用來裝果實種子。實際上，野生茶樹果實極少，因為野外陰生環境影響結實，而且果實成熟過程中會掉落或是被野生動物吃掉。照相機配有長焦距鏡頭，背起來很吃力。

一上瑤山

2012年10月18日，各項準備工作就緒，我帶了3名學生來到金秀縣。以下是我當時的日記：

帶吳春蘭、賴幸菲、龍明強到金秀，調查了六巷、白牛兩地茶樹資源。六巷茶樹位於海拔1 200公尺原始森林中，兩座高山，之間一條山谷，部分資源海拔更高，達1 500公尺，因為天色已晚未去。地上兩三個拳頭大的碎石堆積約半公尺高，人走在上面很滑溜，極易摔倒。幾人才能合抱的枯死大樹倒在地上，隨處可見，有的早已腐爛。林中殼斗科樹木較多。六巷村上古陳屯是離茶樹所在地最近

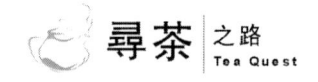

的屯,步行需4~5小時。嚮導老趙為這個屯裡的人,於幾年前剪山谷中大茶樹枝條扦插於自家地裡。下山後,我們去看了,成活率極低,但單株類型很多。山谷中茶樹葉片大,葉尖急尖,尖長。結實率極低,1號茶樹樹高7公尺多。共採集15株標本,樹高一般在4公尺以上。老趙說這片茶樹是他爺爺那輩人於1970年代打獵時發現的,以後一直有人採摘,對樹身有破壞。回酒店當晚吳春蘭身體不適,上吐下瀉,第二天休整,第三天到羅香白牛屯調查。屯後山上海拔680公尺處有古茶園一片,中小葉,披針形,角質層厚,深黃綠色,蠟質,光澤極強。開車到白牛屯另一山上,海拔570公尺處有大茶樹一株,高約12公尺,主莖粗33公分。前兩年農民砍伐時,看到是茶樹,故保留了下來,至今猶可見砍伐傷痕。這株樹花極多,花柱有的極度退化,有的單柱無分裂,有的2裂。

這次去了六巷和白牛兩個地方,六巷因為山高路遠,所以安排在第一天去。金秀縣農業局藍師傅開車載著我們清早就出發了,陪同考察的還有農業局盧副局長和經作站的李站長。好走一點的路是經過六巷鄉政府的那條,但距離遠,所以選擇經過名為雞衝這個地方的一條小路進山。有一段路是過溪,沒橋,直接開車趟過去。能否過得去要看運氣,還好當天水不大,勉強過來了。過了這裡路變窄,小路左邊是高山,右邊是這條溪谷,陡峭驚險至極。這是一條剛修建不久的泥土路,時不時有塌方,山裡人習以為常,將塌下來的土石往一邊搬開,照走不誤,但我們外面來的人走在那些隆起跟烏龜背一樣的大型塌方地段卻是心驚膽顫,坐在右邊座位的人簡直不敢往下看,巴不得跑到左邊來。

瑤山深處

車到山下，當地村民老趙早已等候在此了。他是我們今天的嚮導，幫我們一人砍了一根竹棍子作為登山杖，就開始登山了。人只在登高時才會對自己的體重有真正的感覺，因為每一步的上升都需要自己雙腿來承受。六巷的山路特別不好走，因為見不到土，表面蓋了厚厚的一層風化的石頭，人踩在上面石塊滾動，根本站不穩。沒爬多高，就已經累得上氣不接下氣了，咬緊牙關，奮力一衝，終於上了第一個小平臺。坐下來鬆一口氣，回頭一看剛才爬過的路，大家都笑了，這才多高啊！老趙粗氣都沒喘，看著我們的樣子催著說，趕快走啊，路還很遠呢。走吧。站起身來往前走，走著走著，發現同樣是爬山，似乎沒有剛才那麼氣喘吁吁了。是啊，體育課跑3 000公尺時就有這個體會，前兩圈最辛苦，喘不過氣來，挺過去以後就好了。

六巷古陳茶樹
（左起：吳春蘭、賴幸菲、黃亞輝、龍明強）

尋茶之路 Tea Quest

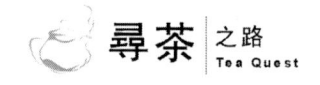

體育老師說是人體進入運動狀態了。爬山、跑步如此,做一件事其實也差不多,萬事開頭難嘛,關鍵是不能輕言放棄。

進入狀態後果然氣也順了,腳步也輕盈了,大家還可以開開玩笑了。原始森林遮天蔽日,越往裡面走越感覺到我們是外來者,這裡的主人是那些參天大樹、枯木古藤,以及那數不清的花花草草和飛鳥爬蟲。突然,老趙的腳步停了下來,幾下就爬上了旁邊一株大樹。我們往上一看才發現樹上掛滿了紅彤彤的像荔枝一樣的果實。老趙折了幾個樹枝扔了下來,當地人叫山荔枝,好吃,很甜,但我看了不是荔枝,應該接近番荔枝之類的。吃完野果,我還特意留了一些種子帶回去,說不定果樹專家有用呢。靠山吃山,沒想到今天能吃到這樣甜美的野果,大家樂壞了,學生們更是高興地唱起了歌。心裡想著要趕時間,我說了聲快走吧就往前奔。走了不到10步,看見前面地上擺了一條從沒見過的綠色肉肉的草莖,好奇心驅使下用竹棍撥了一下,結果草叢在動,這才發現是條竹葉青蛇,頭已經高高抬起呈進攻態勢了。老趙趕快撥開它,我也意識到了千萬不要忘記這是什麼地方,好險啊!好奇心救了我一次命!否則一腳踩下去,後果不堪設想。六巷的野生茶樹生長在一條山谷裡,葉片特大少茸毛。我們一見到野生大茶樹就立刻各就各位做起調查了。拿出紅外測高儀往樹尖一照,馬上問題就來了,紅外光線根本無法穿過大茶樹上層層疊疊的葉片,因此,高度測不了。還好帶了捲尺,男生龍明強爬到樹上,用隨身攜帶的竹棍進行大致的丈量,然後測一下竹棍的長度,樹高就出來了。這裡最大的一株茶樹在基部就分為五枝,每枝的直徑都有三十幾公分,由於

瑶山深處

有人採摘茶葉，樹並不太高，只有7公尺左右，我們把它命名為六巷1號。農業局盧副局長和李站長都在問我，能否估計一下這株樹的樹齡。我知道對於地方來說，大茶樹的樹齡似乎非常重要，因此，近年來很多地方都冒出所謂的千年古茶樹。事實上，計算古茶樹的年齡要數年輪，勢必要破壞茶樹，而且我的辦公室就擺了一段枯死的老茶樹，直徑有30多公分，我數過年輪，數到六七十以後就沒法數了，為什麼？因為越往裡面年輪越緊緊地挨在一起，根本沒法數清楚。所以只好遺憾地告訴他們，沒辦法精確估測樹齡。雲南省對於古茶樹保護有許多可取的地方，其中一點就是根據茶樹主幹直徑來劃分，基部直徑30公分以上的茶樹屬於古茶樹，肯定需要加以保護，何況這裡全是野生茶樹，屬於國家二級保護樹種，更應加以嚴格的保護。整體來說，這裡的茶樹屬於大葉或特大葉類型，葉片橢圓形，葉尖特長。類型方面，雖經多年採摘及多次折斷，還是能看出是喬木或半喬木類型。考慮來回各要三四小時，快速做完調查採樣工作我們便馬上下山了。龍明強將近一米八的個頭，身強力壯，沉甸甸的兩袋樹枝歸他背了，下山路更滑，但畢竟是往下走不那麼費力，天黑前大隊人馬回到了山下。藍師傅在這裡等我們，說瑤胞家裡的飯早已準備好了。

回到縣城酒店已是深夜了，研究生吳春蘭身體不適，而且明天還要趁新鮮狀態調查記錄茶花的性狀，於是第二天在縣城度過。做完調查工作，我便帶著他們到街上去走走，由於上回我已經逛遍了縣城大街小巷，這次我可以當嚮導了。學茶做茶的人逛街，茶是永恆的主題，老遠看到茶店，腳步便不由自主地走了過去。

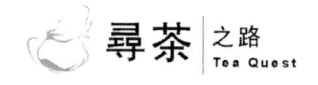

第三天到白牛屯,這裡的小村寨很多叫屯。白牛茶樹與六巷的完全不同,中葉為主,少量小葉,葉色黃綠,無茸毛,披針形,角質層較厚,光澤感極強。這裡印象最深的屬白牛5號。據白牛屯村民介紹,這株樹由於長得高大,樹幹筆直,前兩年一個當地農民準備用來做家具,砍伐的時候,樹上果實掉落下來,一看發現是茶果,因此就停止了砍伐,樹基部至今還可見砍伐的斧痕。這株樹花極多,我們調查發現有的花柱極度退化,有的單柱無分裂,有的2裂,未發現正常的3裂花柱,所以屬於花器特異型茶樹資源。

六巷的古陳大葉茶

在六巷尋找到野生茶樹的地方叫做十二彎,屬於古陳屯,因此我們把這個地方的茶樹稱作古陳大葉。不知何時開始,古陳屯採野生茶形成了一個不成文的規矩,野生茶一年就春天採一次,每年春天的某一天,按天氣估計十二彎的野茶樹發得差不多了,全屯的人約好,每戶派一個人同時進山採茶,其他時候若是單獨進去採茶就是違反村規民約的行為,是要受到屯裡人指責的。古陳大葉做的紅茶外形緊結重實、烏潤顯毫,茶湯紅濃透亮,滋味濃厚回甘,茶香高雅,野韻悠長。古陳大葉芽葉肥壯,我們測定的結果顯示,古陳大葉茶多酚含量27%,兒茶素含量高,其中EGCG平均達8.93%,游離胺基酸含量高達5.23%,這在大葉種茶樹裡是極為少見的。在街上茶館喝茶時我們就發現,本地野生紅茶十分耐泡。古陳大葉內含物質豐富,尤其胺基酸含量特別高,因此,比其他地方的更加耐泡。

古陳大葉茶標本

古陳的瑤家

六巷古陳分作上古陳和下古陳兩個屯，兩個屯相距不遠，屯背後就是挺拔秀麗的五指山。五指山海拔1 700餘公尺，5個山峰就像5個伸開的手指直插雲霄。古陳屯生活著瑤族的一支——坳瑤。據《金秀大瑤山瑤族史》記載：

坳瑤遠祖居住在貴州省龍魁縣各地，因社會動盪不安及受到種族歧視，遷來廣西。他們曾住廣西南寧和百色，後因在此地不能安心居住，便乘船東流直下，一度達到廣東。後來，他們又遷回廣西桂平、平南縣的大夢、小夢以及古雍等地。住在古雍的趙、盤、馮、羅、蘇姓，因為與漢人爭奪田地，經常發生械鬥，由於勢單力薄，不能在當地容身，最後被迫分兩路逃走。其中，一支順江而上，經平南思旺、大瞥等地，進入大瑤山腹地，即金秀六巷鄉一帶；另一支順流到廣東。他們在鬱江分手離別時，還自編這樣一首瑤歌：「六月

尋茶之路 Tea Quest

種六豆,六豆爬爬下嶺來;手把豆根不要問,貴州六豆有根源。」並商定將其傳授子孫,將來有機會遇見再憑歌重逢。最先達到平南縣思旺、大彎的坳瑤,在當地居住不久,部分人又向北部深山地區遷移到桂平的上瑤、下瑤、督的、古程等地紮寨。一些人則向東遷至平南縣思旺鄉的龍門、石馬、仙臺、化相、木履沖等地建立村寨,後來,又遷到朋化山,沿花王水村深入,先後在瑤寨、瑤村、瑤王坪、王四峒等地流居。王四峒村因人口增加,馮姓和羅姓便撤走,只剩下盤姓和趙姓留在原地居住。一年後,因為遭到當地漢人侵襲,他們被迫走散。一些人由花王水經滑坪,到達羅運定居;一些人離開王四峒後,沿花王水北上,住到石灣,後又被花籃瑤趕走,只好搬遷到黃鉗立村。幾年之後,部分人搬到上、下古陳和王田一帶居住。

中國許多少數民族都有著這樣可歌可泣的遷移歷史。帶我們進十二彎的老趙,50歲左右,是上古陳屯的坳瑤。他傳承了瑤族勤勞的性格,又很聰明。多年前,屯裡約定一年同去十二彎採一次春茶,但秋冬季節入山時,他就懂得去採茶籽回家播種。數年下來,硬是在屋後開墾種植出一片十幾畝的茶園來。與他聊他們的歷史,說的大致與以上記載的相近。他說上、下古陳屯原本在一起,居住的地方還要往山裡走,就在五指山下,一條溪水從山上瀉下,在那個地方匯聚為一口水塘,一年四季水氣氤氳,清澈見底。一方水土養一方人,相傳這方水土養育出來的瑤家女子,世世代代聰明賢淑,光彩照人。到後來,考慮到進出太不方便,兩屯才先後搬了出來。

即便是已經修通了公路的現在,位於大瑤山腹地的古陳屯還是一個人跡罕至的所在。2014年的春天,我大哥

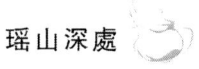

黃仲先和大嫂張亞蓮在聽我多次聊到六巷這個神奇的地方後，作為已經退休了的茶葉專家竟然千里迢迢從上海趕了過來，只為一睹古陳屯以及古陳大葉茶的芳容。小車從縣城出發，進入瑤山後大霧瀰漫，能見度只有幾公尺遠。時刻提醒師傅慢點開，按喇叭，車子慢慢駛過六巷鄉政府，下一個長坡，往左拐，上、下古陳屯就在眼前了。這時問題來了，春天的雨水讓進村的土路變成了爛泥塘，車子寸步難行。打電話給老趙，很快幾位帶了工具的瑤胞騎著摩托車趕來了，七手八腳幹了半小時後，車上人全部下來，減輕重量，車子重新啟動，但除了車後甩起丈多高的泥漿外，車子還是紋絲未動。看看時間不早了，農業局盧副局長苦笑著對我說：「黃老師，今天實在對不起你哥嫂，我們看來只能打道回府啦。」我笑著說：「還好古陳屯就在眼前，我們一飽眼福吧。」

中國人類學的搖籃

提起一個名字，吳文藻，可能知道的人不多，但說起另一個名字，冰心，那可以說是大名鼎鼎，無人不知了。其實他們是夫妻倆。吳文藻先生是中國著名的社會學家、人類學家。1920、1930年代，從美國哥倫比亞大學獲得博士學位後回國在燕京大學執教，1929年與冰心結婚。吳先生是最早將社會學和人類學引入中國的學者，也是中國社會學、人類學學科的最早創立者，費孝通、林耀華等一大批日後的著名學者曾先後師從並追隨吳先生左右。

燕京大學是由英、美基督教會聯合在北京開辦的，司徒雷登任校長，費孝通他們就讀的時候正是燕京大學發展

的巔峰期，當時與哈佛大學合作成立哈佛燕京學社。燕京大學已經躋身世界一流大學之列。紅牆綠瓦、湖光山色，燕京大學有著優美的校園環境。手捧詩書，匆匆穿梭於林陰小道上的青年才俊更是為這優美的校園增添了不少的靈氣與風景。這是一群別樣的中國青年，他們接受了良好的中國傳統文化的薰陶，在他們的童年、少年時期目睹了五四新文化運動掀起的暴風驟雨，而後來，在這個靜靜的校園中，他們沐浴的是從大洋彼岸吹過來的歐風美雨，各種新思想、新知識、新技術紛至沓來。他們有思想，在那個大多數還是包辦婚姻的年代裡，自由戀愛已經在他們中間盛行多年，費孝通與王同惠，一對才子佳人，一同就讀於燕京大學社會學系，青草作證、綠樹為媒，他們也墜入了愛河。

費孝通從燕京大學畢業後即考進清華大學研究院，師從俄籍社會學教授史祿國，學習的是體質人類學方向，即從人類群體體質特徵和解剖結構入手，分析其自身的起源、分布、演化與發展等，進而分析人種的形成及其類型特點以及現代人種、種族、民族等問題。1935年他從清華大學畢業，以優異的成績爭取到了「庚子賠款」留學機會。從胡適、季羨林、費孝通等人留下的文字中可以想像到這是當時年輕人夢寐以求的鍍金機會，公派出國留學在那時無異於古代的中進士、點翰林。當躊躇滿志的費孝通將好消息告知恩師史祿國和吳文藻時，老師卻認為他應該先在中國進行實地考察，打下人類學方面的堅實基礎。當時恰好國民黨廣西省政府向吳文藻等發出了「特種民族調查」的邀請，自然，費孝通成為最合適的調查人選。為了便於在偏遠鄉間調查與生活，由兩位老師做主，費孝

瑤山深處

通和王同惠在未名湖畔舉行了簡單而浪漫的婚禮,而蜜月之旅即是廣西之行。

1935年的中國,山雨欲來風滿樓,他們從北平出發,輾轉無錫、上海、香港、廣州,經過兩個多月的跋涉,終於於1935年9月18日到達了南寧。在南寧與廣西省政府商定了「廣西省特種民族社會組織及其文明特性的研究計劃」,並小試牛刀,對當地瑤族、苗族同胞進行了初步的體質學測量。1935年10月初,由廣西教育廳科員唐兆民陪同前往大瑤山開展系統調查。金秀當時還沒有建縣,大瑤山尚分屬於象縣、荔浦、蒙山等縣。費孝通他們首先去了象縣,一聽是來自京城名校的年輕專家要幫山裡的瑤胞做調查研究,象縣教育局又高興地委派了一個叫張蔭庭的職員,再由當地瑤民做嚮導,陪他們一道進山。今天來看,當日行走在林間小路上的他們一定不會寂寞。路邊的野花野草、遮天蔽日的原始森林、林中搭起的簡陋小木屋以及成群飛舞的野雞野鳥等一定會引起來自北平大城市這對新人無窮的好奇與遐想;同樣,陪同考察的幾位廣西人也有許多想從他們兩人那裡知道的,北平的新鮮事物、上海的十里洋場,包括他們腳上穿的帶有鐵釘的長筒皮靴,走在石頭上總是發出嚓嚓的聲音。是啊,沒有比這更浪漫的新婚蜜月了,想起這次開展人類學實地考察的神聖使命,想起臨行前老師的殷殷囑託以及無微不至的關懷,包括腳上這雙由老師特製的帶有鐵釘的皮靴,兩人就有使不完的力氣。白天走山路,做調查,晚上伏在昏暗的桐油燈下寫見聞隨想和調查報告,一篇篇帶著山野清香的文字不斷地寄往北平,寄往那個人類學調查的司令部和大本營。他們的文章以《桂行通訊》系列報導的形式第一時間發表

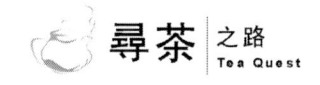

出來，每一期的報導都會引來同行們的駐足觀看。

大瑤山中生活著多個瑤族支系，山高皇帝遠，當時主要還是瑤族頭人掌管著這片土地。離開象縣，他們先後到達以下地方：百丈鄉，在此停留兩日；王桑，此地是茶山瑤聚居地；門頭村，村外有甘王廟，甘王是當地花籃瑤、坳瑤等瑤族百姓共同祭拜的神偶，廟背靠大山，六巷河從廟前翻騰而過。據說費孝通他們一行人進廟瞻仰祭拜時，王同惠出於好奇動了廟裡的小甘王神像，而這在當地人眼中已是犯了大的忌諱，因為在他們心目中，神是至高無上的，不可有任何的褻瀆與侵犯。10月18日到達東南鄉，東南鄉即現在的六巷鄉，當時由瑤族頭人藍公宵負責，管轄的範圍包括上古陳、下古陳、古樸、門頭等七個村寨。花籃瑤、坳瑤等多個瑤族支系聚居於此，因此，東南鄉是他們這次考察的重點地域。在這裡徘徊了40多個日日夜夜，其中在下古陳停留的時間很長，這裡是坳瑤所在地，他們與當地瑤胞朝夕與共，結下了深厚的情誼。

隨著東南鄉田野調查的結束，12月16日，一行人戀戀不捨地離開古陳屯，前往羅運鄉進一步開展調查。由古陳往羅運，要從五指山間的羊腸小道穿過。77年後的2012年，也是在這樣的秋冬季節，我們師生翻越位於古陳屯前面的三座山到達野生茶樹所在地十二彎時已經領教了大瑤山的壯美與難爬，真可謂是瑤山難，難於上青天。五指山位於屯子的後面，其陡峭程度遠超十二彎。有幾次我跟上古陳的嚮導老趙提出能否爬一下五指山，他總是笑著說，他上去過幾次，但我們肯定不行，沒必要去冒險。費孝通老家江南水鄉，只見水，難見山；王同惠的老家河北肥鄉，靠近邯鄲，也是個平原地

瑤山深處

帶，兩人對於大山裡的生活是完全陌生的，因此，這次的瑤山之行對他們來說實在是個不小的挑戰。才走了不遠，兩人就已氣喘吁吁，負責挑行李兼嚮導的瑤家漢子只好搖頭苦笑，心裡在暗暗發愁，照這樣要什麼時候才能走到羅運啊，家裡還有事等著他做呢。一邊想著，腳步不知不覺就邁開了。山路十八彎，三兩個彎一轉，後面這對新人就已經被拉開了好長一段距離了。大山裡的天黑得很快，轉眼已是天昏地暗、不辨東西了。費孝通他們想叫嚮導停一下慢點走，無奈有樹木、山石的阻隔，前面那人已經聽不到了。從未獨自在大山裡行走過的兩位年輕人頃刻間感到一陣恐懼，硬著頭皮，兩人牽著手慢慢地往前走著。突然，前面隱隱約約有一棟小木屋，走近一看是個茅棚，應該有人家。有人家就好，起碼今晚有個棲身之處了。費孝通喜出望外，趕緊走向前去推門。這一推不打緊，數百斤重的大石頭重重地卡住了他邁進門裡的那條腿。原來這是山民用來捕老虎、野豬的陷阱！使盡了全身的力氣，兩人就是沒辦法將費孝通這條腿拔出來，伴隨著一陣陣襲來的劇痛，兩人一下陷入了絕望的境地。稍微冷靜下來，王同惠毅然決定獨自下到屯裡找人來搭救。天已經完全黑了下來，來時的小徑早已看不清楚。此時她記起了離開學校時老師的叮嚀，在山裡萬一迷路，一般順著水流走，準能找到人家。正好不遠處有條小溪，於是就決定順溪而下。費孝通不捨地望著新婚妻子的身影消失在茫茫的夜色中，心如刀絞。時間一分一分地過去，費孝通沒有等來妻子，也沒有等來救援的瑤胞，他實在不願往壞處想，但不祥的預感像這瑤山的漫天大霧一樣籠罩著他的心頭。大

尋茶之路 Tea Quest

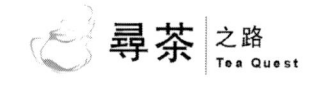

喊，除了大喊還是大喊，大喊著王同惠的名字，他多麼希望能聽到妻子那熟悉的聲音，然而，回答他的只有那山谷間傳來的陣陣回音。擔心、恐懼、劇痛、寒冷、絕望使他幾次暈了過去。清晨，一陣清脆的叮噹叮噹的鈴聲讓他清醒過來，是老鄉在山裡牧牛。拚盡全力大喊，聽到喊聲的老鄉趕來，把他從陷阱裡救了出來。顧不上全身的疼痛，費孝通趕緊向老鄉打聽王同惠的消息。然而，沒有任何消息。很快，老鄉背著重傷的費孝通回到下古陳屯，屯裡也沒有王同惠的消息。村民們拿出他們世代祖傳的瑤藥為他治療，心急如焚的費孝通哪裡顧得上自己的傷，他要的是平平安安回來的愛妻王同惠。瑤族最講情義，一人有難眾人幫。房東盤公西傳令，古陳屯成年人須個個進山尋找走失的王同惠。大家找了6天，卻不見蹤影。按照當地習俗，大家商議請瑤族師公問卦，推知王同惠可能在有水的地方遇難。翌日，屯裡趙成理和馮榮貴二人結伴尋至「雞衝」處，果然於河水中發現了王同惠的遺體，是當晚順水而下尋找救援時不幸落水，為國捐軀的。「雞衝」，名雖不雅，然而，歷史應該記住這個地方，社會學、人類學的諸多後輩學人尤其應該要記住這個地方。2012年我們進山到六巷走的就是這條小路，涉水過「雞衝」後，我們師生走下車來，駐足岸邊，凝眸遠望，只見一脈清溪緩緩流出，兩岸青山倒映水中。不禁遐想，當年王同惠、費孝通的不幸卻成就了六巷這片青山綠水的大幸，中國人類學的搖籃在這裡搖出了它的第一聲呀呀鳴響。

歷史名茶——白牛茶

　　白牛屯位於金秀縣羅香鄉羅運村，是個盤瑤聚居的寨子。白牛茶是廣西歷史上最有名的茶葉之一。據《金秀瑤族自治縣志·物產資源篇》第三章記載：「白牛村所產的白牛茶，浸出茶液淺黃色，遠聞有香味，茶剛入口，即感甜味，接著就有清涼感覺，飲後可很快消除疲勞；清朝年間，平南官府曾以白牛茶進貢皇上，頗負盛名。」與古陳大葉茶相比，白牛屯周邊野生茶樹數量多，各山頭幾乎都有分布。白牛茶葉片中等大小，做出的紅茶外形緊結勻稱，基本沒有茸毛，香氣中時有玫瑰花香，茶湯紅豔，滋味甘甜爽口，十分耐沖泡。茶葉存放至 3 年左右，沖泡的香氣有明顯轉變，茶湯中以及揮散出來的茶汽中均可聞到濃郁的杏仁香，這種杏仁香不刺鼻，十分高雅、持久。

白牛屯

（左起：趙文芳、袁思思、朱燕、楊家幹）

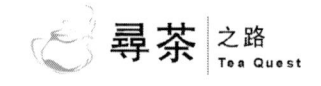

白牛茶出名，除了好的品質以外，還與一樁自古以來流傳的趣談有關。1954年，當時在廣西農業廳工作的陳愛新到過白牛屯調查，把有關白牛茶的見聞寫成文字發表在《茶葉通訊》1962年的創刊號上：

茶能嚼碎銅錢

大瑤山瑤族自治縣的白牛村，所產白牛茶，有一個很大特點，就是穀雨所產的好茶，可以把銅錢（一文的）嚼碎。1954年，我到此參加過一次茶農代表會，很多茶農代表都自己帶來了好茶和銅串錢，在會前大家均在互相評比，看誰的茶能把錢嚼得最碎，而錢又是最大最厚的，就評為品質為最好的茶葉。當時我還不大相信，於是我親自試嚼過兩次，的確是真的，銅錢初嚼很硬，慢慢地與茶葉起作用，就逐漸軟化了。最後錢就變得像軟骨一樣了，咬時發出「啪啪」之聲，完全可以把錢咬成小碎塊，吐出後，口中有甘甜味道。

1980年代，中國茶學大家莊晚芳教授曾到過白牛屯，見識了白牛茶的「特異功能」後，也曾饒有興趣地賦詩讚歎：「不少傳聞流古今，西山白毫碧雲天；銅錢嚼碎表優劣，石乳奇茗永世珍。」

事實上，能夠嚼碎銅錢的不只是白牛茶，廣西其他地方的茶葉也有此「功力」。據《廣西通鑑》記載：「後山茶，產萬承、明江、龍州、雷平等縣，農民以嚼錢來辨識其真假。」據說福建也有個「碎銅茶」。我估計，所有比較嫩的茶葉都能嚼碎銅錢，只不過大家沒去試過而已。這個「特異功能」只有大瑤山中的白牛茶嚼出了名氣，不由不讓人佩服這些看起來憨厚老實的瑤家人的聰明智慧，

人家早已深諳廣告宣傳及產品行銷學的精髓。

從白牛屯回到廣州後，我在課堂上跟學生講，在家裡跟愛人講，但從眼神中可以看出，大家不是懷疑，甚至也不一定是好奇為什麼茶葉能嚼碎銅錢，而是為什麼當地人要這麼做。是啊，為什麼他們會想出這個主意？我也很奇怪。答案可能很簡單：古代某個貪玩的人玩出來的。為什麼能嚼碎銅錢，原因現在都還沒完全弄清楚，古人怎麼會知道？只可能是好玩玩出來的。茶葉能否嚼碎銅錢無關緊要，問題是，很多關乎人類進程的大問題，比如萊特兄弟鼓搗出了飛機，愛迪生整出了電燈，伽利略硬要捧著一大一小兩個鐵球站在比薩斜塔上與1 800多年前的哲人亞里斯多德過不去。到底是什麼東西驅使他們不知疲倦地，甚至冒著生命危險地去做呢？說到底，難道不是一個「玩」字嗎？

說說金秀八角

一進瑤山，爬了六巷的大山，見識了可以嚼碎銅錢的白牛茶，採了許多野生茶樹枝條，還壓了很多標本。可以說，收穫非常大，人也很興奮，但也很累了，而且渾身痠痛。

金秀街上滿街都是山貨特產，帶點什麼回去呢？逛這些土特產店，除了茶葉以外，最熟悉的莫過於八角了。從小到大，我家櫥櫃裡幾乎從來沒有斷過八角這款香料。母親做紅燒肉時總要放些八角、桂皮等香料，在鄉下空曠的地方，散發出來的香氣能隨風飄散幾里遠。後來，我愛人又跟我母親學到了做紅燒肉的方法。買點八角回去最適合

不過了,何況,金秀的八角是遠近聞名的。

沒嚼過檳榔的湖南人應該很少了,但看過檳榔樹的湖南人只怕不多。小時候聽到那首《採檳榔》,不知道怎麼回事,老以為檳榔樹就生長在湘潭那裡,因為湘潭人最愛嚼檳榔啊,直到上初中了才知道,原來檳榔樹長在海南!

同樣,湖南人做紅燒肉喜歡放八角,但應該沒幾個人看到過八角樹。頭次到金秀,聽他們介紹這是八角樹,忍不住仔細地、好好地看了看這樹,順手摘了一片樹葉,一聞果然連葉子裡面都有一股很純正的八角香氣。八角樹樹身高大挺拔,但當地人說枝條很脆。金秀滿山遍野種的都是八角,採八角要爬到樹梢上去,幾乎年年都有因枝條脆斷而摔傷的人。

二上瑤山

2012年11月初,儘管天氣預報廣西多地大雨,但野生茶樹考察最好要採集到花果標本,而此時是最佳時期,時間不等人,我還是決定帶研究生馬上出發。我們11月6日晚從廣州坐火車,7日清晨到了桂林北站,下車的時候大雨如注,一行人只能站在出站口,等雨勢稍小後在車站邊找了一家米粉店,一人吃了一碗正宗的桂林米粉。

2012年11月8日　週四　大雨

到金秀鎮共和村,海拔1 020公尺左右,此地為古茶園,較密,裡面間種了小石崖茶和別的小茶樹。茶樹枝幹上多苔蘚。下午到六段鄉楊柳屯,該屯後山上有茶樹,海拔1 070公尺。分兩路調查,吳春蘭、趙文芳走較近的一處。村民老洛帶我、賴幸菲、袁思思進山,走較遠的一處。天下大

雨，石頭小徑，很濕滑。進山後小徑兩旁多小茶樹，進到裡面有大茶樹，然而大茶樹很少有茶果。我反覆問老洛，山上還有沒有更大的茶樹，答，近處有的他都知道，就這些。那麼這些小茶樹是從哪裡來的種子呢？山裡有野生蘭草。山上多鳥，是候鳥棲息地，有一種候鳥名雪（或玄）鳥，正是此時停留在這裡，據說是從日本飛來。小茶樹是否為鳥從附近茶園銜來種子所發？下山在屯後山坡上有茶園，但園中有過去的老茶樹留下來，也編號採了標本。晚飯在瑤胞家裡吃，有蟾蜍燉湯，喝了酒。

2012年11月9日　週五

縣裡安排兩臺越野車，到大樟東溫。東溫海拔510公尺左右，四周全是大山包圍，是一世外桃源之地。一條山路到大樟，一條山路到桂平，路都非常陡險，我坐的車是二驅的，有個地方衝了兩次才上去，人坐在車上真有兩股顫慄之感。師傅非常擔心回來時怎麼辦。幸好天未下雨，路稍稍乾了些，回來時還算順利。村子有福雲6號茶園一塊，1990年代所栽，多年無人管理，樹現已4公尺高。村民老李帶我們進山，此處山中天然林多數已被砍伐，代之以杉木等經濟林。山中有野生茶，茶生長之處林木未遭破壞。與楊柳屯情況相似，進山一路多小茶樹，我估計也為鳥銜來種子所發。野生茶所在地堆積有很厚的大塊板岩，茶從石縫裡長出。中葉型，葉色深綠，比白牛茶稍寬，發現芽苞數個，果實很少，花多未開。回屯吃飯的路上在小河邊發現許多野油茶樹，採回標本檢索才知是大花窄葉油茶。

尋茶之路 Tea Quest

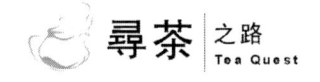

2012 年 11 月 10 日　週六

　　上午和黃主任、韋局長到韋書記辦公室介紹兩次調查情況,提出保護古茶樹的建議。下午農業局派車送至柳州,翌日凌晨到學校。趙文芳遍身生包,過敏所致。

　　從金秀縣城往後,一路爬山,依次經過四公里、八公里等地方,到山頂人字形岔路口,走右邊這條路。其實就是繞到縣城的山背後,車子拐來拐去,約莫兩小時的車程後,看到一個差不多是懸在半空中的小村落,車子穿過寨子後停在一片十分開闊的地帶。這個寨子叫坤林屯。居住在屯裡的大多數屬於盤瑤,從坤林屯村民老趙那裡了解到,古代盤瑤先民進入大瑤山,據說透過兩條途徑。一是從廣東方向來的。盤瑤祖先原先生活於富庶之鄉——南京,因為天災才一路南下,漂泊到廣東樂昌一帶,在樂昌由於官兵迫害,無法生存,被迫外遷。又從樂昌一路西行,進入廣西,經平樂府的賀縣(現賀州一帶)、桂林府的荔浦,進入大瑤山。二是原住湖南千家峒,後輾轉遷至大瑤山。古代瑤民的遷徙史其實就是一部生產資料——土地的爭奪史,爭奪中,處於弱勢的瑤族支系被迫遠走他鄉,最後一般選擇定居於人煙稀少的大山之中。瑤民以勤勞著稱,所到之處,隨處開荒耕作,種植的作物除了玉米、山芋等旱糧以外,往往種植茶樹,採收茶葉從山外換回其他生活物資。因此,南方山區有瑤族的地方往往有茶樹,瑤族先民為茶的傳播做出了巨大的貢獻。坤林這片古茶園就是瑤族先民的勞動成果,百年後的今天,這些老茶樹還在為屯裡的子孫後代們發揮餘熱!屯後這片極為開闊的山坡地帶有個響亮的名字「王母點兵」,人往此處一

站，前面綿延起伏的山巒確有萬馬奔騰之勢。大約是看中了這塊風水寶地，據說山坡上葬有八十幾座古墓。

共和這裡的茶樹，樹高約 2.0 公尺左右，屬於灌木型，樹姿半開張，基部幹徑十幾公分。芽葉嫩綠色，無茸毛，葉小，橢圓形，葉基部近圓形，葉尖鈍尖，葉身內折，葉面無隆起，葉緣平，葉緣鋸齒形，葉脈 6 對。屬典型的小葉種茶樹類型。花極多，中等大小，3～6 朵頂端簇生，花柱頂端 3 裂，裂位淺，雌蕊低於雄蕊，子房茸毛較少。

測得共和茶水浸出物含量 44.32%，茶多酚含量 26.09%，游離胺基酸總量 3.0%～5.0%，生物鹼總量 6.03%。從生化成分上來看，共和茶胺基酸和生物鹼含量均很高，酚氨比合適，適合製作優質綠茶和紅茶。事實上，這裡以加工紅茶為主，製作綠茶的優勢還未被發現。共和紅茶條索緊細勻稱，色澤烏潤有光，茶湯紅亮，口感醇甜，香氣高雅，晴朗天氣加工的春季紅茶往往有愉快的杏仁香氣。

採完標本往回走，又到了縣城背後山頂那個人字形岔路口，這次走另一條路，到楊柳屯去。車子經過一大片高山茶園，層層疊疊，鬱鬱青青，管理極好。據車上縣農業局領導介紹，這個地方是六段，茶園是 1990 年代修建的，種植的茶樹品種主要是福鼎大白茶等，這片茶園有近兩萬畝之多。

楊柳屯是六段鄉的一個自然村寨，車子在一戶瑤胞家門口停了下來，中午在他家中吃飯。縣裡黃主任早已在老鄉家等待我們，黃主任當年就在六段鄉工作，茶園是她力主修建的，因為造福了一方百姓，看得出來，老鄉們對她

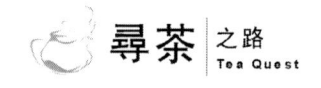

懷有深深地敬意。

　　飯後大雨，穿好雨衣雨褲即上山。楊柳屯的野生茶樹數量不多，生長在竹木下面，主幹拳頭粗，約3公尺高。葉片黃綠色，特別細小，無茸毛，葉尖長，葉形披針如柳葉。這種茶樹葉片，如果單從葉片大小來看，比共和茶樹的還要小，似乎特別演化；但從葉形特徵來看似乎又相當原始。後來對採回實驗室的嫩葉做了切片，顯微觀察表明共和茶樹大多數葉片柵欄組織是2層，而楊柳和白牛、六巷等其他大瑤山茶樹群體的主要為1層。一般1層的柵欄組織是原始類型性狀。因此，判斷茶樹種質資源的原始與演化，不能光看葉片的大小，還要結合其他性狀。

　　楊柳屯的考察，我們是兵分兩路進行的。吳春蘭、趙文芳走的是屯子周邊，調查的是這一帶種植或保存下來的古茶樹；我帶了袁思思和賴幸菲在村民老洛的帶領下進到山裡，找的是野生茶樹。天一直下著大雨，雖然11月了，但因為穿著雨衣雨褲，爬起山來，整個人立刻就熱氣騰騰。我們爬山的幾個人，除了嚮導以外，人人都是戴眼鏡的，熱汽、汗水時不時模糊了鏡片，石頭上非常濕滑，需要加倍小心。

　　傍晚回到屯裡，全身盡濕。幾小時的雨中登山，我們早已饑腸轆轆了。老鄉的晚飯已經準備好了，非常豐盛，有臘肉、山坑魚等。其中一道菜吸引了我們的目光，飯桌中央擺好一個火鍋，沸騰的開水裡沒有調料，周邊放了一大盆蛙肉，都已經剝了皮，因此，看不清是什麼蛙，只覺得比青蛙、泥蛙瘦小。老鄉夾了蛙肉放入開水中，沒煮多久，就開吃了，說是要趁鮮嫩才甜。我也吃了幾隻，味道是不錯，就是感覺沒肉。看到他們舀湯喝，我也喝，鮮

瑶山深處

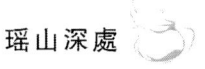

甜。見我們都吃開了，開車的農業局藍師傅笑著說你們知道這是什麼蛙嗎？剝了皮、去了頭，我們當然答不上來。蟾蜍，他告訴是蟾蜍。要是事先告訴，我估計我們都吃不下，但現在已經吃了，而且味道還可以，好像也沒什麼哦。老鄉說這裡山邊下雨的天氣，蟾蜍特別多，吃之前要將皮剝乾淨，因為皮上有毒腺。

我對蟾蜍並不陌生，家鄉春夏季一到下雨天氣，門前地坪裡必有蟾蜍蹦跳，只不過因為這東西天生一副猥瑣的樣子，我們不曾去玩牠。聽家裡長輩說，我們祖上行醫，專治療瘡，每年端午節前後花錢買入大量的蟾蜍，然後請人取蟾酥，即皮上的毒腺。蟾酥是一味藥材。

由於渾身濕透，老鄉一定要我們喝酒，是他們自製的米酒。酒很淡，剛開始幾杯像喝清水的感覺。我們喝酒的時候藍師傅起身去了一趟廚房，神神祕祕地裝了一小碗東西過來問我們吃不吃。我一看黑黑的，上面隱約可見一些飯粒，這回不敢隨便吃了。問他是什麼，還是蟾蜍。是剝了皮的蟾蜍拌了糯米飯一起放入罈子裡面，密封起來醃製，幾個月後才能開壇食用。看著藍師傅津津有味地吃著，我們師生幾人沒一個敢試試這難得的山珍野味。

這次考察任務主要是共和、楊柳和東溫3個地方。根據縣農業局的安排，東溫放在最後去，聽說很遠，路也極難走，即便是農業局，也有一些人從未到過這個地方。考慮到平時用的那臺麵包車不合適，局裡安排了兩臺越野車前行。東溫屬於大樟鄉，李老闆的茶廠就在大樟，因此，前面的路我來回走過4次了，並不陌生。車過古董茶廠後又走了一段，來到山前，上山是泥土路，很陡。兩部越野車原來有一臺是兩驅的，面對這樣陡峭的泥土路，司機完

尋茶之路 Tea Quest

全沒了信心。只好兩臺車都停下來，女士們全部坐到那臺四驅的車上去，男士們集中坐到兩驅的這臺車上來，隨時做好準備下來推車。結果四驅車不費力就爬上去了，而我們這臺第一次衝坡沒上去，半路中慢慢往下面退，退到很遠的地方，開足馬力，車子咆哮著第二次往坡上衝去，這次還好，衝上去了。行走在山頂的路上，終於可以鬆一口氣了。一眼望去，左手邊是個大峽谷，景色壯觀，但深不見底。車沒走多遠，小路往左邊一拐，要下坡了。如果說剛才上山衝坡是刺激，現在下這個長而陡的泥土坡則是驚險，當然，對司機的技術和勇氣也是一次大考驗，還好，開車的葉師傅是個老司機。下坡路非常陡峭，很多地方的泥土路面還很滑，一些地方因為下雨有塌方，人坐在車上不敢往下看，只好緊緊抓住把手。葉師傅不斷地安慰大家：「沒事的，比這還難走的路我都走過。」車子搖搖擺擺總算看到山腳了，這時心裡湧現出來的不是驚喜若狂。「上即如此，下何以堪？」是啊，工作完下午我們還要回來的，下來這麼難，上去會容易嗎？大家都不免擔心起回去的路。希望今天天晴，曬幾小時的太陽，路面就會變乾。

　　山谷中的這個寨子叫太陽屯，山高谷深，這裡最需要明媚的陽光了。屯裡幾戶人家一字排開，背靠高山，開門見山，門前有小河緩緩流過，很像陶淵明筆下的桃花源。李站長請了老李當今天的嚮導，中飯也在老李家吃。據老李說，他們這裡兩邊山上以前都是原始森林，古樹參天，遮天蔽日。順著山谷一直往前就到了桂平市的金田村，是清末洪秀全、楊秀清起事的地方。洪秀全本是廣州花都人。花都是個富裕的地方，對他的早期拜上帝會思想追隨

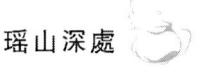

附和的較少。他一路西行傳道,到了廣西大瑤山裡才發現,這裡有眾多嗷嗷待哺的窮苦百姓,尤其是本地大山裡的燒炭漢子楊秀清,有膽識、有魄力,與他的思想可謂是一拍即合,因此,很短的時間裡,太平天國運動在這偏僻的大山裡就拉開了序幕。老李說他們這裡當年幾乎家家都有參加太平天國運動的兄弟。

太陽屯的野生茶樹生長在大塊的石頭縫中,樹並不大,主幹拳頭粗細,樹高約兩三公尺。老李70多歲,他說他小時候採茶,看到的樹就只有這麼大。葉色深綠,葉片大,橢圓形,葉尖很長,漸尖或驟尖。柵欄組織1層。樹上果實很少,花多數尚未開放。樹上很多「果芽」,所謂果芽,就是特別膨大的茶芽,有小手指那麼粗。據我所知,只在野生茶樹上面能夠看到,茶園裡從未發現過。開始我們以為這是野生茶樹的一個生物學特性,後來解剖芽頭才發現,每個果芽中間部位均有褐變,進一步發現有幼蟲蛀入的跡象,因此,果芽應該是環境中的昆蟲侵害造成的刺激膨大。

屯前這條小河是條季節性的河流,現在是深秋,雨水少,河水很淺,踩著幾個卵石就可以過去了。河邊有許多野生的油茶樹,這個時候已經開滿了白色的花朵。出於職業習慣,我們也採了一把帶有茶花的枝條帶回去。回學校一檢索才知道,這種油茶叫做大花窄葉油茶。這一帶沿河邊分布的野生油茶樹其實是非常有意思的。茶樹果樹種子的傳播方式有多種,除了人為以外,鳥可以傳,鼠可以傳,重力可以使它們由高處滾至低處,但傳播力最大、傳得最遠的可能要數水了。太陽屯這條小河邊的野生油茶樹是我見的由水傳播茶種的活標本,正是因為見過這個活

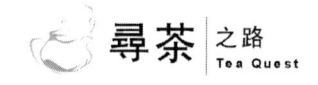

標本，後來在不同場合說起廣東省茶樹資源非常豐富的原因，我總要講到珠江水系是其中重要的原因之一。因為珠江起源於雲南沾益，流經貴州，南盤江與北盤江匯合於此，再下廣西，在廣東出海。沾益是茶樹始祖種大廠茶的分布地之一，貴州、廣西境內有眾多的茶樹資源，廣東地處珠江下游，因為地勢平坦，水勢漸趨緩和，上游漂流而來的茶果必定會有許多在此遇土著陸生長。

三上瑤山

至11月先後考察了古陳、白牛、共和、楊柳、東溫等地，與縣裡交流的時候，他們經常提到聖堂山，說那裡有野生茶樹，而且很奇特。雖然已到年末，各種總結材料需要提交，一想到這裡奇特的野生茶樹尚未一睹芳容，因此決定加班完成各項工作，這次不帶學生，由我一人隻身前往大瑤山。

2012年12月24～26日　晴，冷

24日上午安排茶苗澆水，中午出差到金秀。25日到聖堂山海拔1 200～1 300公尺處。當地人稱聖堂山茶為津水茶，五指山茶為五月茶，六巷古陳茶為清明茶。聖堂山海拔1 232公尺處始為竹、木混生原始樹林，其間很多大茶樹，我們所見的較大一株（1號）基部直徑52公分，樹高12公尺多，葉片狹長，類似苦茶。採集的2號茶樹葉片也與1號葉片類似。這裡野生茶樹呈垂直帶分布，數量很多，樹皮色淺光滑，樹高12公尺左右，基部直徑10～50公分。中午在聖堂山下羅某的茶場做飯，羅某挖野生大茶樹10餘

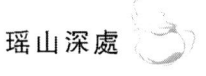

株種在茶場地邊,部分活了,有開花。問他茶樹從哪來的,回答說是從白牛挖來的。但我看其葉片較寬,不像白牛後山的,倒像古陳的。26日和黃主任到金秀鎮政府,見藍書記(女)、陶鎮長。說到共和茶和楊柳茶明年保護掛牌,不讓採摘一事。陶鎮長介紹說共和茶所在地(坤林)叫王母點兵,葬有80餘座古墓,是風水寶地,與坤林屯村民說法吻合。中午返回桂林,回廣州。

聖堂山距離縣城45公里,最高峰海拔1 979公尺,是廣西中部第一峰。聖堂山群峰林立,怪石凌空,山頂常年雲遮霧繞,第四紀冰川遺蹟「石河」、「石海」尤可尋覓於其間。海拔1 000~1 500公尺處的針葉、闊葉混交林中分布著五針松、羅漢松和福建柏等名貴珍稀樹種。海拔1 500公尺以上則覆蓋著高山杜鵑,每年五六月杜鵑花開時,群峰之巔就被粉紅、白、黃等色彩染成了一副巨大無比的多彩畫卷。遊聖堂山有兩大幸事:其一,於流雲空闊處一見山頂尊容;其二,在登山小道上與聖堂獼猴邂逅。

25日一早由縣農業局李站長等人帶領,一行人驅車前往聖堂山,我們既不是來看山頂也不是來見獼猴的,是專為這山上的野生茶樹而來的。時值隆冬季節,山上遊客稀少,除了車子上山爬行的聲音以外,就只有原始叢林中偶爾傳來的一兩聲鳥叫了。千迴百轉以後車子停在聖堂山林場前的停車坪裡,請來的嚮導就是林場的護林員,是本地一個精壯的瑤族小夥子。林場前面一條護林員行走的小路彎彎曲曲伸向林中。這一帶屬於竹木林,毛竹、各種殼斗科大樹混生其中。路基本是沿著同一個海拔高度踩出來的,走起來並不費力。同行的幾位都是爬過六巷十二彎,

也見識過東溫太陽屯驚險的,大家一路走一路開著玩笑,沒想到海拔最高的聖堂山上的茶還最好找。行走在霧中,冬天清涼冰冷的水氣吸入咽喉和肺中,人感覺到特別的舒服。不禁感嘆,聖堂山茶樹竟有這等福氣啊,可以天天呼吸如此清冽的空氣。時間在聊天玩笑中輕鬆地過去,嚮導往左邊一指說,到了。如是往左爬山,沒爬幾步,便看到了野生茶樹。這裡茶樹有粗的有細的,但有個共同特徵,就是特別高。原因很簡單,周邊都是高高的竹木,它不拚命往上長就得不到陽光。茶樹葉片十分長,但很窄,屬於大葉種,無茸毛,黃綠色;樹幹灰白色,光滑,一般分枝部位很高,屬於喬木型。瑤族小夥很會爬樹,茶樹樹幹由於分枝,上部很細,於是就從樹邊上的竹子上去。我天生不會爬樹,一爬幾個腳趾頭就抽筋,這是我第一次見識爬竹子的,真是佩服之極。從採下的枝條來看,完全找不到花和果實,於是喊他注意找有花、果的枝條,結果到最後也沒找到。這算是此次聖堂山之行留下的一個遺憾了,因為鑑定物種必須要有花果。

2012年先後幾次來金秀大瑤山,爬了很難爬的山,行了很難行的路,尋找到了野生大茶樹,採集製作了大量的標本,收穫很大。

四上瑤山

野生茶樹由於所處環境條件,一般一年只有春茶一輪新梢可採。2012年幾次考察,我們所得到的只有枝葉花果,壓製標本,也做了一些扦插。如果要評價茶樹資源的品質特性,那麼測定新梢的生化成分更為重要,另外,進

瑤山深處

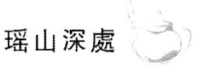

行分子生物學特性研究也需要嫩葉。因此，在2012年調查基礎上，我們2013年春天必須還要爬一次山，去採樣。2012年已經知道大瑤山的險峻難登，但當時都是秋冬季節，是南方最適合登山的時候。因此，春節一過，即在考慮2013年的多雨春季怎麼去採這個樣？考慮來考慮去，還能有什麼辦法呢？橫豎是一次登山，穿好防雨衣服，咬牙爬吧。這麼一想倒是無所謂了，2 000年前的屈原不是說過「路漫漫其修遠兮，吾將上下而求索」嘛？他說的是救國救民的路，但我們今天的尋茶之路何嘗不是如此？我們除了咬緊牙關，上下求索之外，別無他法。茶界前輩、我的老師劉寶祥1970年代冒著中越戰爭的硝煙炮火，在邊防軍的護衛下硬是衝到前線——雲南省金平及麻栗坡一帶進行了茶樹資源的考察，收集到厚軸茶茶果，並由此浸泡的標本一直陳列在湖南省茶葉所江華苦茶研究室裡；中國農業科學院茶葉研究所的國家種質茶樹圃是地球上保存茶樹資源最豐富的田間基因庫，裡面哪一份資源不是虞富蓮、陳亮等幾代專家跋山涉水辛苦所得？我最喜歡看中國科學院昆明植物研究所楊世雄老師的微信朋友圈，經常被他那種投身野外科學考察、以苦為樂的精神所感動。平時的研究生組會上，我也會經常講講這些專家學者們的事跡以及我與他們交往的點點滴滴。野外資源考察是辛苦的工作，何況我們茶學報考的大部分研究生還是女生，我想給她（他）們鼓鼓氣。

2013年4月17～21日

出差到金秀，同行的有袁思思、趙文芳、朱燕、楊家幹。17日一早到桂林，大雷雨，車站躲雨，雨小後到去年吃過的

小店吃桂林米粉。雨停天晴,等金秀陳師傅到上午十一點多。路邊吃中飯後開車到金秀,仍住平安賓館。晚飯茶葉站小李請客,飯後和盧副局長在莫老闆茶館喝茶,商談行程安排,買了微波爐2臺,做樣茶用。18日上午到白牛屯,老盤一家3人幫我們採茶,之前縣農業局已對我們去年掛牌的單株重新掛大牌,寫了「科學研究材料嚴禁採摘」字樣,已掛牌的單株確實無人採茶。我帶袁思思、朱燕、楊家幹採屯後茶樹茶樣,白牛5號、6號大茶樹趙文芳負責採樣。每單株採枝條5~10枝,用衛生紙吸水包住基部保水供分子生物學研究和切片用,採鮮葉100克以上,每群體採混合樣2.5公斤左右,回賓館用微波爐殺青,翌日由楊家幹到莫宇寧茶廠烘乾。下午到聖堂山,此處茶樹全未發芽,故稱五月茶。據盧副局長說聖堂山另一個地方有野生茶樹,直徑達70公分。採了一些枝條,帶回學校做標本,扦插。19日上午到共和村,此處雲霧繚繞,溫度低。茶樹葉片較短而圓,與金秀其他野生茶樹區別大。中午在楊柳屯茶廠吃面,下午到楊柳屯後山採樣,此處茶樹少,發芽少。黃主任帶我們到曾老闆廠裡,新廠尚未竣工,規模較大,有生產線2條,一條是微波殺青,自動乾燥機連理條乾燥機;一條只有8臺採捻機,烘乾機尚未安裝。晚飯黃主任請客,在楊柳屯村主任肥仔家吃,李老闆、曾老闆一道。席間肥仔說今年3~4月一個月村裡採茶葉最高的賺了2.7萬元工資,他家賺了2.5萬元工資。村裡有一對夫妻一天賣茶青賺了1 600餘元。晚上韋書記邀飲茶。20日一早出發到六巷,這天村裡每戶都有來採野生茶的,是他們約好的,平時不能隨便單獨去採。請了村主任等3人採茶,一共給了他們600元勞務費。這次進六巷感覺比去年更輕鬆,大約是鍛鍊的效果吧。龍明強聞訊從

瑤山深處

柳州趕過來一起進六巷十二彎。今天農業局張副局長開車到大樟的李老闆古董茶廠,東溫村民按照去年的掛牌採了茶樣騎摩托車送到李老闆古董茶廠,交給張副局長。東溫茶早已發芽。晚上我請大家吃飯,喝瑤王酒。21日到柳州坐火車回廣州。

這次進大瑤山採樣的確是任務最為繁重的,因為時間不等人,春茶就只有這麼久,主要的野生茶樹群體我們這次必須全部採到。縣領導及縣農業局給予了很大的支持和配合,農業局盧副局長、張副局長參與了調查採樣,茶葉站李站長全程陪同工作。除了聖堂山的茶樹萌芽期太遲而未採到茶樣以外,其餘群體和單株都幸運地採到了樣品。群體混合樣採了2.5公斤鮮葉,單株採鮮葉一般在100克以上。東溫太陽屯的路實在太險,又是雨季,為了安全起見想了一個折中的辦法,由農業局張副局長開車到李老闆的古董茶廠,李站長電話聯絡屯裡的村民老李,請他按去年掛牌的古茶樹採樣,然後安排後生仔騎摩托車送到茶廠,交給張副局長。

知道我們要來採樣,六巷古陳的村民特地約好,當年的頭採就定在我們去的那天。20日一早我們還是開車從「雞衝」這邊抄近路到了十二彎山下,這時屯裡一家一人早已等候在此了。我們趕快交代已經掛牌的茶樹別動,之後不等我們邁步,他們一窩蜂就鑽進茫茫的原始密林中了。今天天公作美,未下雨,因此也沒必要穿上笨重的雨衣雨褲雨靴,更可喜的是,因為天氣晴朗,也沒有遇到這一帶令人畏懼的螞蟻陣。我在日記中特別記到「這次進六巷感覺比去年更輕鬆,大約是鍛煉的效果吧」。感覺輕

左起：趙文芳、龍明強、黃亞輝、
朱燕、袁思思（後面是五指山）

鬆地爬了六巷十二彎，採到了茶樣，除了 2012 年幾次瑤山之行的鍛鍊以外，今天一道爬山的人多，熱鬧，氣氛輕鬆恐怕也是重要的原因。在六巷、在楊柳，我們都聽到了當地百姓從茶葉中賺到了錢的喜訊，看到了他們保護野生茶樹的行動，心裡感到由衷的喜悅。一起這麼多次的翻山越嶺使我們師生和縣農業局的同仁們結下了深厚的友誼。20 日晚上，看到所有要採製的茶樣均已做好，分子生物學研究樣品也已經做好了妥善的處理，於是我提出請大家吃晚飯，算是對階段性進展的慶祝。飯桌上我們第一次品嘗了當地有名的瑤王酒，緊張工作之餘的放鬆讓人越發覺得汗水的價值。

出版了《金秀野生大茶樹》

2012－2014年，有關廣西大瑤山野生茶樹資源的考察以及野生茶樹形態學、生物化學、分子生物學等工作告一段落，應縣裡請求，也開展了茶葉抗氧化、清除自由基以及降血脂等生理功能的研究。於是，將所取得的研究結果編撰成「金秀野生大茶樹」書稿，並於2015年在中國農業出版社出版。全書共分5章。

第一章金秀野生茶樹照片。主要是我們收集、整理的49株野生茶樹及其標本的照片，包括詳細位置、形態學特徵、葉片解剖特徵、主要品質生化成分、部分單株的分子指紋圖譜等資訊。

第二章金秀野生茶樹資源的形態學研究。植物形態學是研究植物個體，組織或器官的外部形狀、內部構造及其發育規律的科學，是植物分類學的基礎。本章對野生茶樹樹姿、葉片及花果形態等方面特徵開展了調查分析。

第三章金秀野生茶樹遺傳多樣性及分子指紋圖譜研究。來源於同一地區的茶樹品種往往形成單獨的聚類群。如福建的烏龍茶品種鐵觀音、毛蟹、黃金桂、政和大白茶，廣東的烏龍茶品種嶺頭單叢、紅柄單叢、黃枝香，雲南大葉種紫娟、長葉白毫、佛香3號、雲瑰，湖南的四個群體品種皆聚為一類。來自金秀四個群體的資源皆與福建、廣東等省份的茶樹品種之間具有較遠的遺傳距離，六巷兩個資源以及東溫3號與其他群體的遺傳距離最遠。從聚類結果來看，東溫3號單獨劃為一類，表現出遺傳獨特性。

第四章金秀野生茶樹資源的生化特性。對東溫、雙

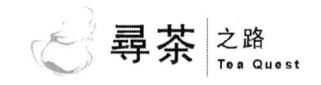

和、白牛、楊柳、羅孟、共和、六巷、古蘭、聖堂山等9個茶樹群體取樣進行了分析。其中茶多酚含量在38%以上的有2個，分別為雙和群體、羅孟群體。六巷群體屬於大葉種茶樹，游離胺基酸含量達到5.23%，是非常少見的。EGCG是茶葉兒茶素類物質的主要組分，金秀各群體樣中EGCG含量最高的為六巷，高達9.0%左右。生物鹼總量以六巷群體的最高，為7.49%；白牛群體最低，為4.65%。

分別對來自金秀六巷、共和、白牛3個野生茶群體的29個單株進行了生化成分分析，發現金秀野生茶單株生化成分表現為兒茶素及生物鹼的組成和含量變異大，部分資源胺基酸含量高、咖啡鹼含量高、兒茶素單體含量高的特徵。來自六巷的野生茶單株的游離胺基酸含量普遍較高。發現EGCG含量10%以上的單株有3株，均分布於六巷十二彎群體。

第五章金秀野生茶部分生理活性的研究。

金秀野生茶樹資源的幾點特徵

1. 原始性　透過研究發現金秀部分野生茶樹保留了非常原始的特性，包括形態學、生物化學和分子生物學等方面的。

在茶樹形態發育方面，幼齡期是單軸分枝式的，進入成年期演變為合軸分枝式。按照系統發育原理，個體的發育是系統發育的縮影，因此，單軸分枝式的茶樹為原始型，合軸分枝式的茶樹為演化型。樹型上，喬木型茶樹是原始型，灌木型茶樹是演化型。金秀21號茶樹樹高12.0公尺，樹幅

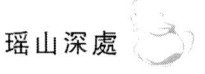

12.0公尺，最低分枝離地2.0公尺，基部幹徑33.0公分。金秀42號茶樹樹高約12.5公尺，基部幹徑約52.0公分。這些都是典型的喬木大茶樹，像這樣的茶樹在聖堂山、白牛等地還有很多。

葉片方面，大葉種茶樹是原始型，中、小葉種茶樹是演化型。六巷和聖堂山茶樹為大葉種，其中金秀8號、15號、7號、44號、3號葉面積分別達122公分^2、75公分^2、71公分^2、70公分^2、68公分^2，均超過了60公分^{2}的特大葉型標準。葉片解剖方面，研究發現金秀六巷、白牛、東溫、楊柳等地大茶樹的柵欄組織也均為1層，屬於原始型。

茶花單朵頂生，花梗長、花冠大、花瓣數目多、花柱裂位深的茶樹屬於原始型；花朵腋生，叢生花序，花梗較短、花冠較小、花瓣數目少、花柱淺裂等的茶樹屬於演化型。金秀野生茶樹的花以著生於頂端或近頂端較多。六巷茶樹的花單生或2朵簇生，楊柳、六段、東溫茶樹的花單生或3朵以下簇生。金秀野生茶樹花梗上的小苞片均脫落，只留下細微痕跡；萼片宿存，綠色，有茸毛，萼片數目大多為5片，花均具梗。六巷、白牛茶樹花瓣數目較多，達9～11片之多。花冠直徑以六巷茶樹最大，為2.36公分。因此，六巷茶樹以花梗最長、花冠直徑最大、花瓣數目最多且變化最大而具備原始性狀。

白牛茶樹果實較大，果皮較厚，為紫紅色，果實外有花柱殘存，存在4室果實，也屬於原始型。

金秀野生茶樹的原始性也體現在基因層面。RAPD分子標記研究表明，金秀4個群體的單株皆與福建、廣東等省份的茶樹品種之間具有較遠的遺傳距離，金秀36號

單株和金秀 7 號、14 號兩個單株與金秀其他單株以及其他省份單株的遺傳距離較遠。從聚類結果來看，金秀 36 號單獨劃為一類，表現出遺傳上的原始特性。

非酯型兒茶素含量的高低是衡量茶樹資源原始性的重要生化指標。金秀野生茶樹中，非酯型兒茶素含量最高的是白牛群體（12.37％）。非酯型兒茶素與酯型兒茶素比值則以羅孟（1.84）、雙和（1.63）、古蘭（1.50）、聖堂山（1.3）、白牛（0.94）等群體的為高。

茶樹生物鹼中可可鹼含量高的資源往往較為原始。六巷古陳大葉種茶樹除含有咖啡鹼外，可可鹼（0.34％）的平均含量明顯高於其他群體，單株可可鹼最高含量達 0.56％，比較原始。

2. 多樣性　金秀野生茶樹資源除了原始性以外，更多地體現出多樣性。除茶種以外，在調查過程中還發現了禿房茶、狹葉茶等群體，這些同屬於茶組植物的存在，一方面說明了金秀茶類植物資源的豐富多樣；另一方面，也為進一步研究提供了難得的材料。本項目研究中金秀野生茶樹資源豐富的遺傳多樣性同樣在形態特徵、生化成分以及分子生物學等方面均有體現。生化成分的多樣性賦予其適製多類茶的潛力。因此豐富的遺傳多樣性為金秀野生茶樹資源提供了廣闊的開發利用前景。

3. 優質性　野生茶樹資源一般都較為原始，但並不意味著所有的野生茶樹都具有優質特性。有些野生茶氣味難聞，入口苦不堪言，甚至還可導致腹瀉。野生茶的茶多酚、咖啡鹼、游離胺基酸等重要品質成分含量應該在合適的範圍內，且具有良好的組成，一般應沒有濃烈的異味和苦澀味才有可能加工出正常的茶來。

我們發現金秀野生茶樹生化成分豐富且和諧，製成的野生紅茶香氣優雅、滋味醇厚、回味甘甜，這是十分難得的。

人類利用金秀野生茶樹資源的歷史是很悠久的。唐代陸羽《茶經》就對象州茶給予了「往往得之，其味極佳」的讚譽。清《象縣志》記象州茶「其特佳者，中平鄉有青山茶，色黃綠，味香滑；大樟鄉有東溫茶；瑤山中有瑤茶，色微紅，極促消化，隔宿其味不變」。在古代，金秀尚未建縣，當時象州產茶之地都屬於現在的金秀瑤族自治縣範圍內。宋代范成大《粵海虞衡志》中有「修仁茶，製片二寸許，上有『供神仙』三字者，上也」的記載。修仁是古縣名，在現在的荔浦與金秀之間，金秀鎮、忠良鄉等野生茶分布地在當時均屬於修仁縣範圍內。

金秀野生茶目前以製作紅茶為主，感官品質方面，外形條索緊實，色澤烏潤無毛，香氣高雅，玫瑰香顯，滋味醇厚，回味甘甜，屬於紅茶中的上品。由於是野生茶，葉底難免老嫩不一，但這也正是野生茶原料的特點。

論茶樹演化中心及其特徵

地球進入白堊紀中期，植物種類發生了突然的變化。之前遍布的是蕨類植物以及松柏、蘇鐵、銀杏等裸子植物，進入白堊紀中期則成為喬木、灌木、草本等多種形態的被子植物的天下。據推測，茶樹可能起源於白堊紀末、第三紀初。這個時候，全球處於溫暖甚至炎熱環境，中國也不例外，此時南、北方的氣候條件和自然環境都比較接近。在遼寧撫順煤田的考古表明，這一時期，當地以落葉

闊葉林為主，樺樹、胡桃、榆樹等溫帶成分占70%～80%，楊梅、楓香、龍眼等熱帶、亞熱帶成分占20%～30%。氣候變遷，滄海桑田。以往研究表明，茶樹起源於中國雲南、廣西、貴州及其周邊區域。我們有理由推測，茶樹及其家族成員在這個漫長而溫暖的時期曾經遍布於中國廣大的南北區域內。

總體上，第三紀全球氣候由白堊紀的高溫逐漸轉涼，終至第四紀的冰期。第四紀氣候特徵為冰期與間冰期的交替進行。冰期時，冬季風強勁，氣候乾冷，中國北方年平均溫度降幅達10℃以上；間冰期，夏季風相對偏強，氣候溫暖、濕潤。原先廣泛分布的喜溫植物，在冰期到來時，一方面退居到南方以及低海拔地區，另一方面，也盡可能改變自身性狀，比如葉片變小、樹高變矮等以適應降低了的氣溫。而一旦遇上溫暖的間冰期，這些植物馬上又會展現出它們生命的本性——及時擴大自己的生存範圍。在第四紀，茶樹的情況也大體如此。茶樹起源於溫暖、濕潤的中國西南及其周邊地區，屬於喜溫植物。遇上冰期，中國中部的秦嶺、東南部的南嶺起到了很好的冷空氣阻隔作用，成為茶樹天然的避寒港灣。因此，當今茶樹資源考察還可以發現，中國野生大茶樹主要分布在秦嶺、南嶺這一帶山脈及其以南的廣大範圍內。

與其他生物一樣，原始茶樹一經起源，接下來便是在周圍可能的區域內傳播、擴散了。由於緯度、海拔、地形以及生態環境各異，茶樹在新的區域經過了長年的變異與遺傳，歷經「適者生存，不適者被淘汰」的演化洗禮，最終形成了當今的分布格局。傳統上，一般認為，中國茶樹的演化與擴散沿著以下4條途徑進行：一是從雲南經廣

西、廣東到海南；二是從雲南經貴州、湖南、江西、福建到臺灣；三是從雲南經四川重慶、湖北、安徽到江蘇、浙江；四是從雲南經四川到陝西、河南。

事實上，茶樹的傳播與擴散是非常久遠的地質年代事件，因此，考察其傳播與擴散途徑就不得不重新回到那個年代來看問題。白堊紀末至第三紀初，即距今約9 000萬年的雲南，其南部及東南部是中南半島，東面及東北面是古老的華南板塊，西北面是尚未隆起的青藏地塊，西部是古特提斯洋。這個時期全球氣候由炎熱轉涼，屬於地球的溫暖期。青藏高原南部屬於熱帶海洋性氣候，一路往東，經雲南橫斷山地區，與中國東部華南熱帶亞熱帶濕熱氣候帶相連。當此之時，東喜馬拉雅及橫斷山地區處於古特提斯洋的濱海地帶，其植物區系屬於特提斯暖濕植物區系，樟科和殼斗科等常綠闊葉樹木是其主體，棕櫚、桉樹、榕樹、桃金孃、水杉、櫟樹、核桃等植物在這片茫茫蒼蒼的熱帶叢林中競相生長。

原始茶樹在雲南橫斷山地區起源以後，按照植物的特性，它將向所有可以擴張的地域進行擴張。那麼，在當時溫暖濕潤的氣候條件下，向其他方向均可以擴散傳播，唯有往西有障礙，因為往西就是古特提斯洋，難以踰越。往西北雖為青藏高原，但此時這裡尚未隆起，還是一塊平地。古地理研究表明，約5 000萬年前的印度板塊向歐亞板塊的碰撞使地球發生了一個「喜馬拉雅造山運動」，但發生於3 000萬年之前的隆升作用造成青藏地區最多還不超過2 000公尺的抬升，1 500萬～2 300萬年前的劇烈隆升活動才將青藏高原主體抬升至海拔2 000公尺以上，直到360萬年前至今的快速隆升時期，青藏高原才被抬升

尋茶之路 Tea Quest

到海拔 4 000～5 000 公尺的高度。因此，今天所見到的「世界屋脊」喜馬拉雅，原來是一座十分年輕的高山，據說它每年還在長高呢。第三紀時這塊平地沿古特提斯洋北岸延伸開去，氣候溫暖濕潤，適合茶樹的生長與傳播。

  因此，茶樹在中國的傳播，在一般認為的 4 條途徑以外，我認為還存在第 5 條途徑，即由起源地雲南傳往青藏地塊。隨著喜馬拉雅造山運動中海拔的不斷升高以及乾燥、寒冷氣候的加劇，青藏地塊的茶樹逐漸由高山往低山、由北邊往南邊進行轉移，最後分布於藏南及藏東南的墨脫、波密和察隅一帶的原始森林中，而印度阿薩姆的野生茶樹即由這一帶傳播過去。以前一直未見過這一帶有野生茶樹的發現，但 2019 年我們見到了墨脫傳來的當地野生大茶樹的照片。因此，這裡是值得進行茶樹資源考察的地帶。2020 年廣東援藏隊譚瓊說到西藏墨脫、魯朗等幾個地方發現有野生茶樹，這實在是一個令人興奮的消息，因為，這是第一次聽到有關西藏野生茶樹的線索。我不會作詩，但此時有一種強烈的吟詩衝動：

    是誰在呼喚那遠古，

    我的岡瓦納大陸，

    和古特提斯洋。

    印度板塊的碰撞，

    青藏高原的隆升。

    溫暖的橫斷山的西面，

    他曾經是你的故鄉。

    聽到你依然在林中靜立，

    我的心忍不住一陣的狂歡。

瑶山深處

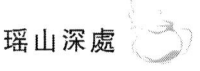

也許有人會問，印度阿薩姆的野生茶樹為什麼不可能是在當地起源的呢？這個問題同樣要回到遙遠的地質年代來看待。印度為次級大陸板塊，原來是與澳洲在一起的，於9 000萬年以前的白堊紀從非洲東部的馬達加斯加分離出來，每年向北漂移15公分。在這趟漫長的旅行中，澳洲又從板塊中分離出來自成一體。最後，印度板塊大約於5 000萬年以前與歐亞板塊碰撞拼合，碰撞地點主要為喜馬拉雅－雅魯藏布江一帶。已有研究證實，茶樹大約起源於白堊紀末至第三紀初，即距今9 000萬年左右。如果起源於印度板塊的話，第一，當時印度板塊尚與馬達加斯加沒有完全分離，那麼，馬達加斯加島上也應該有茶樹或者原始茶樹；第二，澳洲是在漂移過程中與印度板塊分離的，時間更後，更應該有茶樹的存在。事實上，無論是馬達加斯加還是澳洲，都沒有發現茶樹這種植物的蹤影。因此，從古地理學的常識方面來推論，茶樹不可能起源於印度，印度阿薩姆的野生茶樹應該是由藏東南地區傳播過去的。

茶樹當今的分布格局及其演化途徑並非一蹴而就。漫長而溫暖的第三紀讓茶樹在中國全境及中南半島得以大範圍擴散生長，但第四紀冰川卻讓許多地方的茶樹遭受滅頂之災。古氣候資料顯示，第四紀大冰期全球氣溫下降，中國東北地區年平均氣溫較現在低10℃以上，華北低10℃左右，華中地區低8～9℃，而華南地區只低1～4℃。在第三紀時鬱鬱蔥蔥、溫暖濕潤的中國東北、華北以及長江流域的廣袤大地此時變為了一片冰雪覆蓋的極寒之地。饑寒交迫的動物這個時候飛快地逃往南方，來不及逃走的動物甚至就地鑽進洞穴以躲避嚴寒。植物沒有腳，跑不動，

等待的是成批的死亡。中國秦嶺和南嶺此時成為阻斷冰期冷空氣南下的天然屏障，因此，秦嶺、南嶺及其以南地區為我們保留下來許多古老的物種。冰期過後是相對溫暖的間冰期，此時這些保留下來的物種又會擴散自己的生存空間以迎接下一個冰期的到來。當今中國茶樹資源的分布正是寒冷的第四紀冰川的產物。

透過對金秀大瑤山野生茶樹資源的考察與研究，一個觀點越來越清晰地在頭腦裡形成，那就是：伴隨著古氣候、古地理的變化，茶樹演化採取的是「步步為營，逐步推進」的策略。演化路線中存在「大本營」，這些「大本營」就是茶樹演化中心，而我們所考察的大瑤山就是這麼一個茶樹演化中心。帶著我們的研究材料，帶著這個想法，我參加了2018年10月在安徽農業大學召開的「咖啡、可可、茶葉研討會」，作了題為「The Characteristics of Evolutionary Center of Tea Plants——Taking the Dayao Mountains in Guangxi as an example」的英文報告。

2018年10月17～20日　大雨

到安徽農業大學參加茶葉、咖啡、可可國際會議。一起的有晏嫦妤、曾雯、羅莉。宛曉春、陳宗懋、Wageningen University 的 Vincenzo Fogliano 為主席。二十餘個國家參加，從事咖啡的專家較少，可可則好像沒有，主要為茶學專家。分加工利用、健康、品質安全、栽培育種等4個會場，一共有80餘個報告。我在栽培育種會場報告，題目：以大瑤山為例，論茶樹演化中心的特徵。外國專家提問的不少，反映還可以。

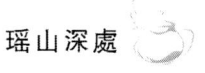

以下是這次報告的主要內容——論茶樹演化中心的特徵。

1. 茶樹演化中心位於中國南方、有起伏不平的地貌 大瑤山位於廣西壯族自治區中部偏東，整個山體呈現東北向西南走向。大瑤山山高谷深，日照少，雨量多，濕度大。高大的山脈不但使其本身具有特色的氣候，而且可影響到周邊地區的氣候。大瑤山北面與架橋嶺相連，冬季北方冷空氣受架橋嶺的阻擋使大瑤山受到保護。大瑤山東南部夏季迎著暖濕氣流，超前降水從大湟口開始出現，到馬練增加。每年7～9月，從東南來的暖濕氣流越過大瑤山山脊線後，氣流在山體背風坡下沉，產生焚風效應，使其西部地區的降水明顯減少。因此，大瑤山形成東西兩個不同的氣候環境。

2. 茶樹演化中心有特徵各異的茶樹居群 金秀野生茶樹可分為三類：六巷和聖堂山為喬木，茶樹葉片較大；共和茶樹為灌木樹型，葉片較小；白牛、東溫、楊柳和六段茶樹為小喬木樹型，中葉種。金秀茶樹葉尖以漸尖為主，但六巷茶樹葉尖多為急尖。

金秀野生茶樹的花有著生葉腋、近頂生或頂生3種類型，其中以著生於頂端或近頂端較多。六巷茶樹的花單生或2朵簇生，楊柳、六段、東溫茶樹的花單生或3朵以下簇生，共和茶樹花的簇生現象最明顯。

金秀8個群體野生茶樹資源生化成分平均變異係數為28.52%，變幅為4.21%～53.42%，表現出豐富的遺傳多樣性。其中，變異係數最大的是GCG（53.42%），其次為ECG（50.86%）、EGCG（49.24%），說明酯型兒茶素在金秀野生茶樹種質資源中多樣性較廣泛，所包含的資訊量較大。

金秀茶樹可可鹼含量的變化

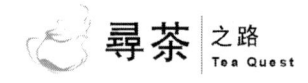

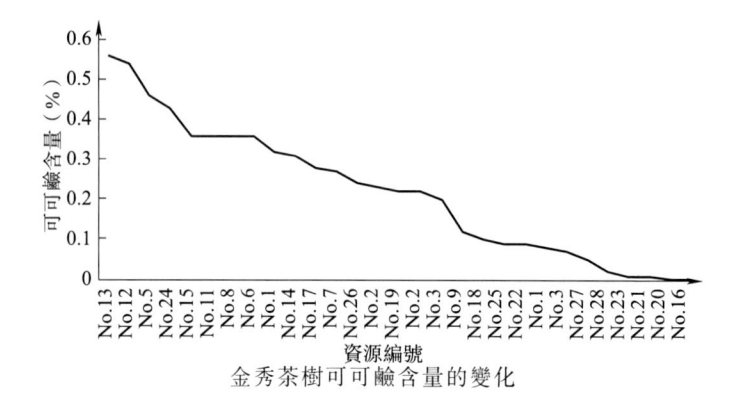

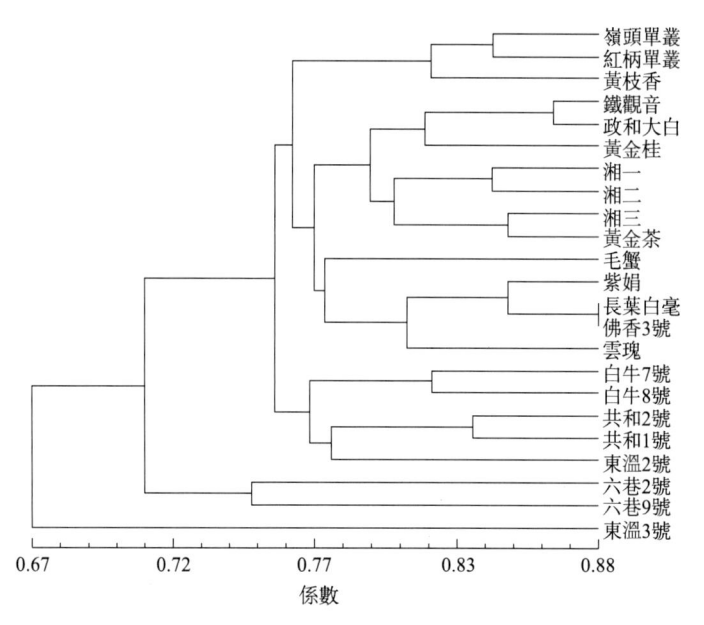

金秀茶樹資源聚類分析

3. 茶樹演化中心有完整的演化梯隊　10個野生茶樹居群可以分為3種類型：一是六巷大葉種，以六巷茶樹為代表；二是白牛中葉種，以白牛茶樹為代表，包括白牛、

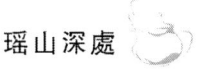

六段、東溫和楊柳的野生茶樹；三是共和小葉種，以共和茶樹為代表，葉片為橢圓形。從形態學、生化成分、分子生物學等方面分析，這3種類型構成了一個完整的演化梯隊。透過作圖可以清晰地看出，在可可鹼含量上，金秀野生茶樹資源形成了一個完整的梯隊。

4. 茶樹演化中心有獨特的群體特徵　進行分子標記研究，金秀大瑤山茶樹與雲南、廣東、湖南等省份的茶樹資源區別開來，自成一體。其他如形態、成分等方面，大瑤山茶樹也與別的茶樹群體存在著明顯的區別。

建立了金秀野生茶樹資源圃

金秀野生茶的研究尤其是生化分析的結果是令人振奮的，古陳大葉茶的胺基酸含量很高，很多單株咖啡鹼含量很高，部分單株的兒茶素尤其是EGCG的含量很高；白牛茶中發現個別單株EGC含量高於8%；共和茶的胺基酸含量普遍很高。從生產和科學研究方面來說，金秀這些野生茶樹群體及單株具有十分重要的利用價值。

隨著飲茶風氣的興起和茶葉市場的興盛，曾幾何時，全國各地的野生茶樹、古茶樹成了部分茶葉愛好者熱捧的對象。這些野茶、古茶、老茶的販賣者為了獲得那一點點珍稀之物，真可以說是上窮碧落下黃泉，不達目的絕不罷休。他們不怕山高，不怕路遠，餓了吃乾糧，困了睡帳篷，其艱苦卓絕的態度與我們這些野外資源研究者不分伯仲，唯一不同的只是目的，一個是為了錢，一個是為了科學考察研究。目的不同，因此對待這些野生茶樹、古茶樹

的態度就截然不同了。為了錢，就必須將樹上能採的葉片採得乾乾淨淨、一片不留，至於這株樹能不能繼續活下去，那可管不了那麼多；為了錢，就必須提高效率，大茶樹太高大了，何不將樹鋸倒在地上採？《茶經》中就已經告訴我們，「巴山峽川，有兩人合抱者，伐而掇之」，古人就有這麼做的；為了錢，何不乾脆帶幾個人來山裡挖樹，連根挖起，用園林移大樹的方法帶土包起來，一旦運出山裡，何愁沒有企業、老闆來購買。我在很多地方，包括金秀就曾痛心地目睹過這些被鋸掉了枝幹、斬斷了根系的大茶樹被移栽到外面。偏偏這些大茶樹如《楚辭》中所說：「受命不遷，生南國兮。」我所見到的移栽大茶樹，十有七八不能存活下來。中國並非沒有相關的法律法規，早在1992年，國家林業部就已將野生茶樹列為二級保護樹種。一輩子從事茶樹資源研究的中國農業科學院茶葉研究所虞富蓮老先生看到大茶樹屢屢被毀的現象，2018年曾痛心疾首地寫下了《巴達大茶樹的死說明什麼》一文。無奈金錢的誘惑太大，虞老師的文章曾經引起了各方面的關注，但大山裡的那些野生茶樹還是時時面臨被破壞的危險。在我們的大瑤山野生茶樹資源項目進行的過程中，就聽說白牛5號茶樹（就是那株生長在白牛屯山邊，樹姿挺拔，樹高達12公尺，主莖粗33公分，前幾年農民砍伐時看到是茶樹，故保留下來，至今猶可見砍伐傷痕的大茶樹）被人砍掉了！這是一株花型極為獨特的茶樹，我們為此在《華南農業大學學報》上單獨撰文進行過報導的，現在要再見此樹已不可能，只有在我們的文章裡看看了。

瑤山深處

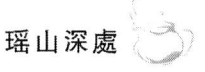

　　無論是從研究利用還是資源保護的角度出發，都有必要在金秀本地建立一個涵蓋當地野生茶樹主要群體類型的資源圃，進行永久的保存。想法一提出來，馬上得到了縣裡的贊同認可。地方初步選在離縣城不遠的金秀鎮六仁村的一個山谷裡。這裡原先就種過茶，不用擔心成活問題，一條小路出來，500公尺左右就到大路，交通方便，站在山上，左邊是蓮花山，右邊為羅漢山，風景宜人，這自然是個難得的好地方。建資源圃就得有茶苗，茶苗可以透過有性種子繁殖和無性扦插繁殖獲得。基於野生茶樹繁殖的困難，我們決定同時採取兩種繁殖手段。應該說，繁殖野生茶樹苗是我們在金秀碰到的最大的難題。有性種子繁殖成活率高，但野生茶樹生長在野外環境，可能由於環境相對蔭蔽的緣故，結實率本身很低，加上野生動物如老鼠、松鼠的覓食，最後到霜降前後採到的種子很少。扦插繁殖則因為一些主客觀原因而頗費周折。

　　2013年10月霜降時節，我帶劉自力、楊家幹、崔飛龍三位男生出差到金秀，這次是來採茶籽的。首先到六巷和白牛，結果在這裡採到的茶籽很少。19日到忠良鄉屯旺村根哆衝，午飯在村主任家裡吃。村主任熱情好客，叫來了村裡青壯年十幾個，坐了滿滿的一大桌。看到這麼多年輕人，我有點好奇，便問他們為什麼不去外面打工賺錢。沒等我說完，村主任便開口了：「大瑤山裡地廣人稀，就拿我家說，一共有六七百畝山地，因為金秀屬於珠江水源地，山上的樹不能砍，但每畝山地每年都有一點水源林補貼。另外，山上的小竹子可以砍，每根五毛錢，上山隨便一砍就幾百根，砍了又發，砍不完，山裡還有野生

茶可以賣錢。以前村裡年輕人外出打工的很多，這幾年陸陸續續都回到家裡了。」

飯後，村主任開心地給大家喝了平時捨不得拿出來的陳年老茶。這種茶是以本地野生茶為原料加工的，條索粗壯，老嫩不一，放在陶缸或竹簍中，經過長年陳放，通體烏黑。泡出來的茶湯深紅透亮，味道醇厚綿稠，滿杯的陳香飄散很遠。村裡人說，這種老陳茶在瑤家是很貴重的東西，貴客來了才會拿出來品嘗。家家戶戶都有一點，按當地瑤族的習慣，家裡有女兒出嫁，父母會小心包好一包老茶跟女兒的貼身物品放在一起，到夫家如水土不服，腸胃不適，即可沖泡飲用。瑤家人出遠門到外地謀生，也會隨身帶一包家裡的老陳茶，主要用於調理腸胃。另外，當地瑤家家中辦酒席宴請賓客，一般也要泡好大壺的老陳茶，以防客人吃了酒席鬧肚子。看來老陳茶在這方面是確有其效。

根哆衝的野生茶樹在村裡的後山上，不遠，也沒有大樹遮蓋，樹上有一些果實。採了十幾株大茶樹的枝條和果實後，離開村子前往古蘭村。古蘭村位於山谷地帶，村前村後都是拔地而起的高山，山多奇峰，怪石林立，風景如畫。村子中有一小片茶樹，據村幹部介紹，是幾十年前由村集體發動群眾從周圍山上採集野生茶樹種子在此播種繁殖而成。我們仔細查看茶樹葉片，符合本地野生茶樹資源的基本特徵，葉片黃綠色，長橢圓形，葉尖較長而尖，芽葉極少茸毛。於是，在這片茶樹採種，由於是按照茶園管理，茶籽比野外多。

在我帶著研究生來金秀採集茶籽的同時，縣裡黃主任

瑤山深處

也安排有關鄉鎮農技人員上山採摘茶果,因此,雖然野生茶果十分難得,但畢竟人多力量大,2013年的霜降前後我們如期獲得了全縣十幾個野生茶樹群體的種子。種子催芽繁殖的任務交給了李老闆,他特意在大樟古董茶廠圍牆內開墾出一片苗圃地,又反覆向我諮詢過幾次種子繁殖的技術,於是將這些來之不易的寶貝播種在這裡。2015年春天,我到古董茶廠,看到金秀各個地方群體茶籽苗長勢很好,可以移栽,心裡非常開心。

大瑤山茶樹基因庫前
(左起:李鉅芳、黃亞輝、謝曼衛)

2013年夏天,我們即開始了茶樹短穗扦插,當時苗圃位於雞衝的河岸邊,在這裡繁殖的主要有在白牛和共和已經標記取樣的大茶樹。六巷古陳大葉茶樹則選在古陳老趙家茶園進行扦插。六巷老趙的扦插繁殖管理可以,但可能由於苗圃地比較陰暗少日照,病害較嚴重。雞衝苗圃中

其他地方的苗可以，但白牛、共和茶苗長得不好，至2015年這裡還出現了扦插的茶苗被偷的事件。於是，2015年11月我再次出差到金秀，決定選擇地方重新開始扦插育苗。一直到2016年底，經過多方的努力，六仁村野生茶樹資源圃才粗具雛形。之後，經過2017年的精心管理，資源圃出現了喜人的長勢。2018年春天我和曾貞、晏嫦妤三位老師帶著研究生林雅斯出差到金秀，到六仁村資源圃進行茶樹生長狀況調查。看到各群體的茶樹長勢旺盛，群體之間的差異也一目了然，一座頗具規模的大瑤山茶樹資源圃穩穩地安放在蓮花山和羅漢山之間的這片山谷裡，心裡別提有多滿足了，一切的付出都值得。

2013年8月6~10日

　　出差到金秀，很涼快。7日到六巷古陳老趙家，去年扦插不多，長勢也不好，他說今年準備11月插，我建議他現在就插。中午在老趙家吃飯，他拿出了自釀的野葡萄酒，粉紅色，香甜，酒精度與普通葡萄酒相近。8日到共和，剪6株枝條，到雞衝苗圃扦插。晚上見到來賓市農業局李副局長，他說今年我為縣裡寫的野生茶項目得到了農業部項目支持。9日到白牛，剪10株枝條到雞衝扦插。中午到白牛屯扦插戶老黃家，他扦插技術不行，給他講了一些技術要點。

2013年10月16~21日

　　出差到金秀，同行的有劉自力、楊家幹、崔飛龍。18日到

六巷、白牛,茶籽大多已掉在地上,改採很少。19日到忠良鄉屯旺村根哆衝採野生茶樹標本及茶籽。下午到古蘭村採野生茶籽。古蘭村去年戶均5萬餘元野生茶收入。

2014年9月26～31日

開車出差到金秀。26日晚上住賀州,次日到金秀。下午和農業局廖局長到章書記辦公室,交了野生茶樹研究報告。章書記滿意,希望我們提出下階段研究方案。28日農業局派車,與李站長一起到六巷老趙處,2012年的茶苗長得可以,但有病死現象,2013年的也可以。29日到雞衝苗圃,白牛、共和苗長得不好,其他的苗可以。30日在李老闆家做紅茶。

2015年11月26～28日

出差到金秀,章書記送了一些從各個鄉鎮瑤胞家中收集到的陳年老茶,一個樣20～100克不等,陳化時間久的約40年,短一點的約十幾年。27日評茶,分茶園茶和野生茶,野生茶滋味明顯比茶園茶醇和,香氣也有非常好的。和農業局李副局長、李站長一道在李老闆公司商談野生茶繁殖和資源圃種植事項,目前有3件事:25株野生茶樹扦插;12個群體的種子實生茶苗移栽;12個群體茶苗不足的繼續繁殖。

2016年3月16～19日　濕度很大

出差到金秀。17日到大樟茶廠,桂綠1號加工紅茶有

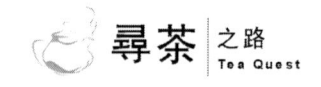

特殊香氣，李老闆送一包給我，約250克。金秀各個地方群體茶籽苗長勢很好，可以移栽。18日在金秀鎮六仁村安排品比實驗，對照種桂香22號。19日上午到白牛育苗基地，用的是長枝扦插法，看起來苗很長。

2016年12月21～23日

　　出差到金秀。六仁村資源圃裡各個群體實生苗的長勢還算可以，單株品比長得不太好。

2017年6月13～15日

　　出差到金秀。到六仁看了資源圃，長勢可以。

2018年4月27～30日

　　和曾貞、晏嫦妤、林雅斯開車到金秀。28～29日到六仁村資源圃調查生長狀況，各群體長勢很好。開車上蓮花山一遊。

金秀野生紅茶的加工技術

　　金秀大瑤山幾乎每個山頭都有野生茶樹，因此，野生茶的產量很大，據估計，一年達2萬～3萬斤乾茶。在楊柳屯、古蘭屯和忠良鄉屯旺村根哆衝考察時我們都聽到了當地農民因為野生茶而賺了錢的消息。適當的採摘並不會傷害野生茶樹，因此，縣裡提出了野生茶樹「在保護中利用，在利用中更好地保護」的保護原則。粗略地統計，

全縣有野生茶加工廠20餘家。在縣裡2014年、2015年組織的野生茶評比活動中可以看得出來，這些廠家的產品品質真可謂是千差萬別。因此，非常需要開展對當地野生茶加工技術的摸索。2016年4月、6月和9月，我和覃松林高級農藝師分別帶博士生滕杰、曾雯到金秀，請李老闆幫忙聯絡野生茶原料，在他公司的茶廠進行了多次紅茶加工試驗。

2016年4月14～18日金秀野生紅茶加工試驗設計

　　1號：楊柳茶（通風萎凋＋揉捻＋發酵機發酵＋烘焙機毛火＋提香機足火）

　　2號：道江茶（通風萎凋＋揉捻＋發酵機發酵＋烘焙機毛火＋提香機足火）

　　3號：白牛茶（自然發酵＋茗茶烘焙機毛火＋提香機足火）

　　4號：白牛茶（發酵機發酵＋茗茶烘焙機毛火＋提香機足火）

　　5號：白牛茶（發酵機發酵＋提香機毛火＋提香機足火）

　　6號：羅孟樣茶（發酵機發酵＋茗茶烘焙機毛火＋提香機足火）

　　7號：羅孟樣茶（自然發酵＋茗茶烘焙機毛火＋提香機足火）

　　8號：六巷樣茶（自然發酵＋茗茶烘焙機毛火＋提香機足火，毛火是120℃、10分鐘）

　　9號：六巷樣茶（自然發酵＋茗茶烘焙機毛火＋提香機足火，毛火是120℃、7分鐘）

10號：共和樣茶（通風萎凋＋自然發酵＋茗茶烘焙機毛火＋提香機足火）

11號：共和樣茶（未通風萎凋＋自然發酵＋茗茶烘焙機毛火＋提香機足火）

  覃松林老師是廣西人，是湖南農業大學茶學系陳興琰教授的早期研究生，為人忠厚老實，做事一絲不苟。我們第一次見面是1989年在廣西茶葉所，那時我剛剛大學畢業，進入湖南省茶葉所劉寶祥老師的江華苦茶課題組工作。10月和劉老師出差到桂林，調查江華苦茶參與全國品種區試的表現，覃老師那時碩士已經畢業，在廣西茶葉所育種室工作。週末我借了覃老師的自行車遊桂林，記得鑽了七星岩，到了有「桂林山水甲天下」石刻的一個什麼公園。夕陽西下，在灕江岸邊的象鼻山下躺了很久，看江上的人站在用幾根竹子紮成的船板上用鸕鷀捉魚，回茶葉所的路上碰到挑了一擔柚子的農婦，一問，是有名的桂林沙田柚，買了幾個。出差結束返回長沙，因為火車必經衡陽，於是先買了到衡陽的火車票，把這幾個柚子送到了女朋友的手中。

  在試驗過程中，我們發現，金秀野生茶加工最大的問題有兩個，一是野生茶原料老嫩不一，二是金秀春季低溫多雨潮濕。這兩個問題都會導致野生紅茶加工過程中難以把握萎凋和發酵程度。於是，相應地，我們採取了原料簡單分級以及加溫、人工光照等技術措施，比較有效地解決了這些問題。2016－2018年，我們先後多次到金秀進行野生紅茶的加工技術摸索以及驗證工作，同時著手編寫《金秀野生紅條茶生產技術規程》和《金秀野生紅條茶》

這兩個標準文本材料。其中《金秀野生紅條茶生產技術規程》於2017年獲得廣西壯族自治區品質技術監督局的立項支持，此後規程初稿又經過了本縣農業主管部門、有關茶葉企業以及區內相關茶學專家的反覆修改。2018年8月17日，我正在海南白沙出差，突然接到通知，說第二天在南寧召開標準審定會，專家和場地都已經安排好了，不好改期。標準相關材料均在學校辦公室，於是趕緊買到廣州的機票，一邊通知研究生謝曼衛趕緊幫我將材料帶到白雲機場，在機場做好了PPT。18日一早，審定會如期舉行，我們制定的《金秀野生紅條茶生產技術規程》順利地通過了專家評審。

金秀野生紅條茶生產技術規程

(DB 45/T 1866－2018)

1 範圍

本標準規定了金秀野生紅條茶的術語和定義、採摘、鮮葉要求、加工要求、感官要求、品質管理以及標誌、標籤、包裝要求。

本標準適用於以廣西金秀瑤族自治縣區域內的野生茶樹鮮葉為原料的紅條茶加工生產。

2 規範性引用文件

下列文件對於本文件的應用是必不可少的。凡是注日期的引用文件，僅所注日期的版本適用於本文件。凡是不

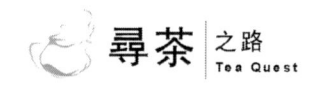

注日期的引用文件，其最新版本（包括所有的修改單）適用於本文件。

　　GB/T 191　　包裝儲運圖示標誌

　　GB 2762　　食品安全國家標準　食品中汙染物限量

　　GB 4806.8　　食品安全國家標準　食品接觸用紙和紙板材料及製品

　　GB 7718　　食品安全國家標準　預包裝食品標籤通則

　　GB 14881　　食品安全國家標準　食品生產通用衛生規範

　　GB/T 23776　　茶葉感官審評方法

　　GH/T 1077　　茶葉加工技術規程

　　國家品質監督檢驗檢疫總局令〔2009〕第123號　國家品質監督檢驗檢疫總局關於修改《食品標識管理規定》的決定

3　術語和定義

　　下列術語和定義適用於本標準。

3.1　野生茶樹　wild tea plant

　　生長在原始森林或天然林中，未被人類栽培、馴化的茶樹或其他近緣茶組植物。

3.2　金秀野生紅條茶　jinxiu wild strip black tea

　　在廣西金秀瑤族自治縣區域內以當地野生茶樹的鮮葉為原料經過萎凋、揉捻、發酵、乾燥工藝加工的條形紅茶。

4　採摘

4.1　採摘時間

　　每年春、夏、秋三季均可採摘。春茶在清明前後至立

夏前採摘，夏茶在夏至前至秋分採摘，秋茶在白露前後採摘。宜以採摘春茶為主，少採或不採夏秋茶。

4.2 採摘方法

4.2.1 野生茶樹採摘，應以養為主，以採為輔，採摘時留一至二片真葉。以採摘樹梢頂端部位的鮮葉為主，樹冠內部、下部萌生的枝葉宜留養。

4.2.2 不得採用砍伐樹幹、折斷樹枝等破壞性方法獲得鮮葉。

5 鮮葉要求

5.1 鮮葉品質要求

芽葉完整，色澤鮮綠，勻淨。用於同批次加工的鮮葉，其嫩度、勻度、淨度、新鮮度應相對一致。鮮葉品質分為特級、一級、二級、三級，應符合表1的要求。低於三級以及劣變的鮮葉不得用於加工金秀野生紅條茶。

表1 金秀野生紅條茶鮮葉分級

等級	要　　求
特級	一芽一葉至一芽二葉，一芽一葉≥30%，芽葉完整、勻淨
一級	一芽一葉至一芽二葉，含有部分單片葉或對夾葉。一芽二葉為主，≥50%，芽葉較完整
二級	一芽二葉至一芽三葉，含有較多單片葉或對夾葉。以一芽三葉及單片葉或對夾葉為主，但一芽二葉≥30%
三級	以同等嫩度一芽三葉、一芽四葉、單片葉或對夾葉為主

5.2 鮮葉盛裝

採用透氣、衛生、無汙染、無異味的容器盛鮮葉，宜

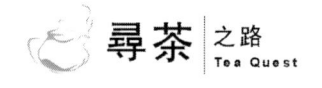

用竹籃、竹簍盛裝，不得用不透氣的布袋、塑膠袋等盛裝，不得擠壓。

5.3 鮮葉運輸

運輸工具應清潔衛生、乾燥、無異味，運輸過程中不得日曬、雨淋。不得與有異味、有毒、有害的物品混裝。鮮葉採摘後 3h～5h 內必須進入萎凋程序。

6 加工要求

6.1 加工場地、用水

茶葉加工場地、加工用水、廠區布局和加工工廠等應符合 GH/T 1077 的要求。

6.2 加工條件

加工過程中的設備、用具和人員的要求應符合 GH/T 1077 的規定。

6.3 基本工藝流程

萎凋→揉捻→發酵→乾燥。

6.4 操作要點

6.4.1 萎凋

6.4.1.1 萎凋方法

6.4.1.1.1 室內自然萎凋

在沒有陽光的情況下，一般採用室內自然萎凋。鮮葉採摘後，直接放入陰涼通風的室內進行萎凋。攤放厚度 3cm 左右，溫度宜在 20℃～30℃，萎凋時間為 12h～24h。待鮮葉萎凋結束後含水量 56％～60％，色澤暗綠，葉面軟皺，前端紅變，緊握葉子成團，葉脈葉柄大部分折不斷，青草氣消失，發出清香，即可揉捻。

6.4.1.1.2　萎凋槽萎凋

　　鮮葉均勻攤放在萎凋槽上進行萎凋。攤葉厚度在低溫多雨季節不宜超過 12cm，高溫乾燥季節不宜超過 20cm，溫度 20℃~30℃。當氣溫低於 20℃ 時，應加溫萎凋。加溫時溫度應先高後低，冷熱交替，且風溫不宜超過 30℃，萎凋結束前 15min~30min，停止加溫。當氣溫高於 30℃ 時，只需用鼓風萎凋，萎凋時間 12h~20h。待鮮葉萎凋結束後含水量 56%~60%，色澤暗綠，葉面軟皺，前端紅變，緊握葉子成團，葉脈葉柄大部分折不斷，青草氣消失，發出清香，即可揉捻。

6.4.2　揉捻

6.4.2.1　投葉量

　　各類揉捻機的投葉量見表 2。

表 2　常用揉捻機的萎凋葉投葉量參考值

項目	要求			
	65 型揉捻機	55 型揉捻機	45 型揉捻機	30 型揉捻機
投葉量（kg）	60±5	30±2.5	15±1.5	7±0.5

6.4.2.2　揉捻方法

6.4.2.2.1　初揉

　　萎凋葉裝桶後先空揉 5min 再加輕壓，待萎凋葉完全柔軟後再適當加重壓，至揉盤中有茶汁溢出，茶條緊捲後，進行鬆壓、解塊攤涼，初揉 30min~35min。

6.4.2.2.2　複揉

　　將解塊攤晾葉重新裝桶揉捻。複揉加壓原則為「輕重輕」逐漸變化，重萎重揉，輕萎輕揉，嫩葉輕揉，老葉

重揉，複揉 30min～35min。

6.4.2.2.3　揉捻適度

條索緊結，成條率達 80%～90%；揉捻葉局部泛紅或呈淡黃綠色，葉細胞破損率達 75%～85%；用手緊握揉捻葉，有茶汁向外溢出，鬆手後葉團不散，有黏手感。

6.4.3　發酵

6.4.3.1　發酵室

應設置專門發酵室。發酵室應密封避光，配置控溫、控濕與通風設施，發酵時室內溫度控制在 22℃～26℃、相對濕度 95%±1% 條件下，定時抽風換氣；用發酵盒盛裝發酵葉，發酵盒長寬高宜為 80cm×60cm×10cm，設置支架將發酵盒分層放置。

6.4.3.2　攤葉厚度

嫩葉宜薄，老葉宜厚；夏秋茶宜薄，春茶宜厚。攤葉厚度宜為 8cm～10cm。

6.4.3.3　發酵時間

在溫度 22℃～26℃、相對濕度 95%±1% 條件下，發酵時間為 5h～8h；中間茶坯應翻動 2 次～3 次。待茶坯呈現均勻古銅色，青氣消失，發出濃郁的熟蘋果香即可終止發酵。

6.4.4　乾燥

6.4.4.1　乾燥方法

分「毛火」和「足火」兩次進行。

6.4.4.2　毛火

攤葉厚度 1cm±0.2cm，熱風溫度為 105℃～115℃，時間為 20min～25min。毛火茶適度的特徵：感覺略刺手，

但茶葉尚軟，茶梗不易折斷，葉色由紅變黑，茶坯含水量18％～25％。毛火完成後需攤涼 40min。

6.4.4.3 足火

攤葉厚度 2cm±0.2cm，熱風溫度為 90℃，時間為 15min～20min。足火茶的適度特徵：用手捏，感覺刺手，有沙響聲，可捏成粉末；條索緊結，色澤烏潤，茶坯含水量 5％～7％。

7 感官要求

7.1 基本要求

具有正常的色香味，無非茶類物質和任何添加劑，無劣變。

7.2 感官要求

感官審評方法按 GB/T 23776 的規則執行，各等級的感官品質應符合表 3 的要求。

表 3 感官品質

項目	要求			
	特級	一級	二級	三級
外形	烏潤緊結、多鋒苗、勻、淨	烏潤緊結、有鋒苗、較勻齊	扁尚緊、欠勻整、有嫩莖、烏褐尚潤	扁、碎、欠勻整、多梗、有老片
香氣	花香或甜香、濃郁、持久	花香、濃	香濃	純正尚濃
滋味	鮮甜、醇爽	鮮甜、醇厚	醇濃	醇、尚濃
湯色	紅豔	紅、尚豔	紅亮	尚紅亮
葉底	肥嫩多芽、紅亮	肥嫩有芽、紅亮	紅、欠勻、尚亮	花雜

8 品質管理

8.1 加工過程的衛生管理、品質安全應符合 GB 14881 的要求，加工過程不能添加任何非茶類物質。

8.2 企業應對出廠的產品逐批進行檢驗，出廠檢驗項目包括感官品質、淨含量、水分、碎茶和粉末。

8.3 產品汙染物限量應符合 GB 2762 的要求。

8.4 在原料收購、加工和儲存過程中，應做好相應的標識，防止混淆。

8.5 每批加工產品應編制加工批號和系列號，並確保最終產品可追溯。

9 標誌、標籤、包裝

9.1 標誌、標籤

產品的標誌應符合 GB/T 191 的規定，標籤應符合 GB 7718 和《國家品質監督檢驗檢疫總局關於修改〈食品標識管理規定〉的決定》的規定。

9.2 包裝

9.2.1 包裝材料應乾燥、清潔、無異味，不影響茶葉品質。

9.2.2 包裝要牢固、防潮、整潔，能保護茶葉品質，便於裝卸、倉儲和運輸。

9.2.3 包裝用紙應符合 GB 4806.8 規定。

瑤族的老陳茶

前面已經說到，我們師生幾人 2013 年 10 月 19 日到

瑤山深處

忠良鄉屯旺村根哆衝，在村主任家喝到了他們平日捨不得拿出來的陳年老茶。後來，在縣城幾家茶莊又喝到了這種老茶，而且不止一次地聽這些茶莊老闆聊天，誰家拆老房子時從閣樓翻出一籮老陳茶，估計是百年前的老物；誰和誰兩個人週末約到哪個屯裡去買土雞，其中一個拐進一家農戶，結果買到了十幾斤陳放了多年的老陳茶……還說金秀以前家家戶戶都存有老陳茶，十幾年前就開始有廣東的老闆來挨家挨戶收購，先是幾十塊錢一斤，後來幾百上千塊錢一斤也買不到了，現在基本絕跡了。

聽了這些，我漸漸對這些瑤家神祕的老陳茶產生了興趣，到底這些黑不溜秋的老陳茶有什麼好？見我有了興趣，一起喝茶的韋書記對我說，他盡可能想辦法去弄一點老陳茶讓我去研究。下面表裡面的茶就是韋書記好不容易幫我收集到的7個老陳茶樣品。從這些常規生化指標可以看出，這些茶的含水量普遍較高，隨著陳放時間的增加，水浸出物、茶多酚含量逐漸減少，而茶褐素的含量則逐步升高，這符合一般黑茶的規律。

金秀老陳茶生化成分含量（%）

茶樣	含水量	水浸出物	茶多酚	胺基酸	黃酮	茶黃素	茶紅素	茶褐素
共和25年陳茶	14.31	24.04	11.34	1.59	1.09	0.15	0.15	19.15
羅孟15年陳茶	13.67	33.76	20.55	1.30	0.93	0.12	2.52	12.42
古蘭5年陳茶	12.36	36.93	25.32	1.26	0.73	0.12	1.44	6.87
1998年白牛茶	12.69	28.30	16.63	1.22	0.90	0.10	2.02	11.99
2000年古陳茶	12.63	32.76	20.46	1.39	0.71	0.12	1.34	8.26

| 2005年古陳茶 | 11.80 | 37.78 | 30.09 | 2.05 | 0.57 | 0.12 | 3.66 | 5.03 |
| 2006年古陳茶 | 11.83 | 35.28 | 27.05 | 1.94 | 0.61 | 0.12 | 2.11 | 5.50 |

金秀瑤家有很多關於老陳茶功效的說法，歸結起來，就是對腸胃有很好的調理作用。得到了這些來之不易的老陳茶樣品，於是安排研究生莫嵐開展了對腸胃功能調理方面的研究。她的研究主要包括3個方面：瑤族老陳茶對急性腹瀉小鼠的作用，瑤族老陳茶包含哪些微生物，瑤族老陳茶有哪些不同的生化成分。

試驗結果表明，老陳茶對於番瀉葉所致的急性腹瀉模型具有一定的治療作用，能夠改善小鼠腹瀉情況，其中高劑量組和中劑量組的作用效果相較低劑量組要好。

對2個廣西瑤族老陳茶樣中真菌多樣性和群落結構進行了研究。2個樣品中主要檢測到2個門，9個綱，11個目，12個科，16個屬的真菌類群。廣西瑤族老陳茶中優勢菌在門水準上以子囊菌門為優勢菌，在綱水準上以散囊菌綱為優勢菌，在目水準上以散囊菌目和節擔菌目為優勢菌，在科水準上以毛滴蟲科為優勢菌，在屬水準上以曲黴屬（50.27％）、節菌屬（47.38％）為優勢菌。利用傳統培養分離技術在種水準上鑑定出了兩種優勢菌——黑曲黴和黃絲衣黴。其中黑曲黴是各類黑茶後發酵過程中的常見微生物，但有關黃絲衣黴在茶葉中的報導，是第一次。以往較多報導的是這種真菌用於淨化水體方面的作用。

運用代謝組學手段在老陳茶和同原料新製綠茶2個樣品中共檢測到了775種代謝產物，其中有494種差異代謝物，說明黑茶和綠茶之間的代謝產物差異很大。篩選出了

瑤山深處

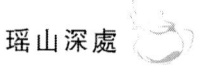

與腹瀉病症相關的幾類代謝物，其中，D（一）-蘇糖、氨基非林、濱蒿內酯、阿魏醯香豆素、苯乙醯甘胺酸、牛蒡子苷在老陳茶中含量較高，且與消炎抗菌、抗腹瀉功能緊密相關，初步推測廣西瑤族老陳茶含有抗腹瀉效果的物質成分。

喝瑤族老陳茶，做瑤族老陳茶研究的過程中，我一直在思考，古人的創造力是巨大的，為了生存，他們幾乎什麼都敢試。「神農嘗百草，日遇七十二毒，得茶而解之」，這種「試」有時要冒著生命危險，茶葉就是這樣試出來的。我們現在都知道茶葉又有六大類之分，每類在物質的氧化發酵以及微生物後發酵方面有很大的差異。但古人何嘗知道這些？他們只是勇敢地去試。採回野生茶葉，就著家裡的鍋灶把茶葉炒出來，這是綠茶。綠茶一下喝不完，就裝進簍子裡，吊在灶臺、火炕上面，慢慢地喝。總有那放了幾年甚至更久的茶葉，外觀已經變黑，泡出來顏色通紅，到底是丟掉還是繼續喝呢？試一下，好像也沒事。正好肚子不舒服的時候試了一下，肚子也好了。這下發現這老陳茶不但能喝，而且有用，於是家家都要留一點。廣東連南、曲江以及湖南江華、江永等地的瑤族一樣也有這種陳茶的做法。從分析的生化成分上看，這種茶的茶多酚、兒茶素等含量明顯降低了，而茶褐素含量成倍升高了，這是黑茶的生化成分特徵。再從乾茶外形色澤、湯色、滋味以及茶香等感官品質方面來看，這種老陳茶也符合典型的黑茶特徵。就是黑茶啊！但也不對，與當今黑茶如茯磚、青磚、熟普等加工工藝還是不同，比如茯磚要渥堆、發花，而這個茶沒有，因此，我認為瑤族的老陳茶是黑茶的雛形，是原始黑茶，與原始的廣西六堡茶極為相似，或者

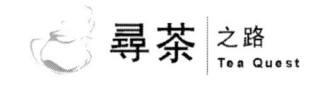

說一樣。毋庸置疑,六大茶類都是這樣嘗試出來的,因此,今天的茶葉創新還得依靠這個「試」,縱有滿腹理論,不試哪能出東西?

也許中國,譬如雲南的其他少數民族也有類似茶葉的做法,但位於華南的瑤族無疑在這方面做出了巨大的貢獻。日本學者松下智於1980年代對中國茶葉進行了詳細的考察,在他的著作《日本茶的傳來——茶之路探索》中寫道:華南的瑤族、苗族和畬族是古代最早掌握製茶技術的民族。特別是瑤族住在海拔500~1 000公尺的高地上,以刀耕火種的方式過著遷徙不定的生活,採集草藥是他們的生活方式之一。畬族遷移定居到了福建、浙江,在那裡進行農業和茶葉生產。瑤族分布很廣,但以貴州、廣東、湖南、廣西為多。特別是廣西東部大瑤山區就生活著叫做茶山瑤的瑤族人。還有湖南南嶺山脈的江華瑤族自治縣等地也居住著很多瑤族人。我認為瑤族在中國茶樹種質資源和茶葉技術的傳播方面發揮過很重要的作用。

茶樹的近緣種——禿房茶

在金秀大瑤山茶樹資源的考察過程中,我們還邂逅了一些茶的近緣物種,比如禿房茶。如果不是詳細地了解茶組植物分類依據,很容易將組裡面不同的物種都看作茶。其實,以植物學的語言來描述一朵茶組植物的花,是這樣的:1~3朵腋生,白色,中等大或較小,有柄;萼片5~6,宿存;花瓣6~11,近離生;雄蕊2~3輪,外輪近離生,稀連生;子房3~5室,稀更多,花柱離生或下部連合,3~5裂;蒴果3~5室,有中軸。以上引自張宏達

瑶山深處

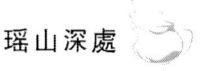

《山茶屬植物的系統研究》［中山大學學報（自然科學）論叢（1），1981年4月］。

也許，一個熟識的人一眼就知道這朵花是不是茶樹花，但這株茶樹是我們飲用的茶種還是它的近緣種植物，這就需要專業的知識了。如果掰開茶樹花朵，看到子房上面遍布茸毛，花柱頂端又是3裂的，這是我們飲用的茶種植物；如果花柱頂端是3裂，但子房外面光禿無茸毛，一般是禿房茶了。茶組裡面還有厚軸茶、大廠茶等物種。那麼這些茶組裡面的物種除了花器不同以外，到底葉片、枝乾等外形有沒有區別？熟悉以後，過細地觀察是有區別的，不過對於一般人看來，區別不大。

我們取樣檢測發現禿房茶的兒茶素含量非常低，酯型兒茶素含量極低，生物鹼為可可鹼。同時也進行了感官審評，發現香氣很低，滋味淡薄。看來，我們的先民選擇茶葉作為日常飲料主要還是看中了茶葉的滋味符合人類的喜好，像這種淡而無味的茶葉近緣植物，雖然長相酷似茶種，但大瑤山的老百姓都知道不去採摘它們，因為它們不好喝。金秀的禿房茶數量不少，分布範圍也十分廣闊。

在很多山頭，禿房茶與茶種混雜生長，作為研究茶樹遺傳育種的人，我自然好奇，這兩者之間是否會衝破「世俗」的物種間藩籬而「日久生情」呢？經過詳細的考察，我們發現在這些山頭，有極少量的茶樹從葉片形態上看介於禿房茶與茶之間。對這些茶樹葉片生物鹼進行分析，發現同時含有咖啡鹼和可可鹼，甚至極少數單株還含有苦茶鹼。無疑，這些應該就是禿房茶與茶的自然雜交後代。一方面，基於這樣的情況，我們自然考慮到人為遠緣

金秀禿房茶古茶樹

雜交的做法；另一方面，茶組裡面的這種自然種間雜交的現象更是為我們認識茶樹物種的起源與演化提供了極好的線索。

在金秀發現的禿房茶樹中，最高的一株接近 30 公尺高。在生化成分分析中，也發現個別禿房茶的生物鹼組成非常奇怪，同一株樹葉中竟然包含了苦茶鹼、可可鹼和咖

啡鹼。我的博士研究生滕杰用這個為材料，在他的博士論文中對咖啡鹼、可可鹼的合成酶開展了比較深入的研究，複製並驗證了可可鹼合成酶的關鍵調控基因。

2015年10月17日　週六　晴

　　大瑤山秃房茶，茶花2～4朵腋生，有濃烈的香氣，子房無毛，花柱無毛，頂端3裂。花柱略低於花絲，花絲長1.0公分，無毛，花瓣5～6，無毛，萼片5，0.8公分長，綠色，裡面有柔毛，外面無毛，有睫毛，宿存，下部連生，上部離生。外層花絲下部1/4連生，該處與花瓣連生。內部花絲離生，花絲無毛。花冠白色，直徑2.5公分，花柄長1.3公分。果皮綠色帶紫紅，有皺縮，厚0.3公分；果徑1.8～2.5公分，3室，有中軸，種子2～4個，球形或楔形，粒徑1.5公分。喬木，幼嫩芽葉無茸毛，葉長10～16公分，寬3.0～5.0公分，長葉形，葉緣鋸齒較深，葉色綠，葉脈網狀，8～9對。芽紫紅或綠色，春季發芽晚至6月，或許是海拔較高的緣故。

　　以金秀茶葉為研究對象，我們團隊培養出了一批優秀的碩士、博士研究生。除我本人外，華南農業大學茶樹資源育種團隊覃松林、曾貞、晏嫦妤等老師先後多次到金秀進行調查及加工製樣。大瑤山野生茶樹資源的研究項目先後培養了一大批茶學學生。參加資源考察工作的有大學生龍明強，碩士研究生吳春蘭、賴幸菲、趙文芳、袁思思、朱燕、楊家幹、劉自力、崔飛龍等；到金秀進行取樣及樣茶製作加工的有博士研究生滕杰、曾雯、李丹及碩士生林雅斯等。在這些學生中，滕杰和曾雯的博士論文以及趙文

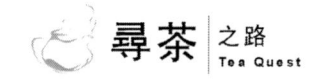

芳、袁思思、朱燕、周夢珍、莫嵐的碩士論文分別以大瑤山的禿房茶以及特異茶樹資源為材料進行了研究。至此，團隊以金秀茶為題材發表的論文近20篇，其中英文文章3篇。

龍脊茶

前文講述六巷古陳屯時，提到了2014年4月23日，我陪同大哥大嫂來六巷，在離古陳只有幾里路的地方，因為路太難走，竟然沒能進屯。24日，我們一行人上了聖堂山，看到了這裡的野生大茶樹，總算不虛此行。聖堂山這裡找野生茶樹，我差不多可以當嚮導了。除了帶我哥嫂看到了野生茶樹，2015年夏天，我還帶了湖南省三利茶葉進出口公司原總經理陳曉陽先生和中茶梧州茶葉進出口公司張均偉總經理來到這裡一飽眼福。記得陳曉陽看到這裡的野生茶樹樹幹時笑著說，這不像茶樹，這像電線杆啊。陳總經理與我哥嫂是湖南農業大學茶學系上下屆同學，關係很好，意氣相投，可惜他們不是同時來到金秀，否則，這大瑤山中必將留下他們的連珠妙語與朗朗笑聲。我大哥大學畢業進入湖南省茶葉所工作，於1970年代末曾經和所裡劉寶祥老師到廣西龍勝考察龍脊茶，並大量地收集了當地茶樹種子。他有意故地重遊，而我也從未到過龍勝，只聽說過龍脊梯田的美名，於是決定25日到龍勝去。龍勝各族自治縣處於廣西、湖南、貴州三省份交界處，車子過桂林，進入龍勝縣域即感覺到一種濃濃的民族風。縣科技局李主任接待了我們，李主任曾經參加過廣西壯族自治區農業廳組織的在華南農業大學舉辦的茶葉技術培訓班，聽過我的講課，平時偶有聯絡。李主任是個粗中

瑶山深處

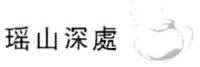

有細的廣西漢子，自己在梯田景區開了一個名叫十三寨的茶廠，做些古樹紅茶產品，看情形，生意應該不錯，可能主要得益於龍勝興旺的旅遊產業。26日參觀龍勝梯田及古茶園。這裡古茶樹的採摘方法竟然非常落後，路上碰到一個戴著大銀耳環的苗族婦人，背上背了一捆從古茶樹上摺下來的樹枝，是連枝帶葉一起折下來的，說是到家裡再將芽葉摘下來加工，古茶樹由此備受摧殘。我們到梯田裡來看這些茶樹，整個樹體上幾乎沒有葉片，樹幹上長滿了苔蘚。我無奈地望著這些茶樹，眼前密布的苔斑難道不是這些無助的古茶樹在風中的淚痕?!午飯在李主任茶廠吃，飯後與當地茶農一起喝茶聊天，我問他們為什麼要這樣連枝帶葉地強採古茶樹？他們的回答真有點出乎我們的意料：要這樣採才會發芽，否則，不發芽吶。看到這些淳樸的山民，我真是哭笑不得，是啊，茶葉生產上是有句話「早採早發，不採不發」，但也不是要這樣片甲不留地掠奪啊。龍脊茶樹葉片中等偏大，無茸毛，葉色整體黃綠，葉質較薄。適製紅茶，茶湯紅濃透亮、滋味甘醇、甜香濃郁。

晚上住酒店裡聽大哥聊當年到這裡的情形。他們那時住在一個叫棉花坪的地方調查古茶樹，那裡的茶樹多而且大。大哥和劉寶祥老師一起，劉老師家鄉是湖南新化，龍脊梯田這裡有許多人講新化話，應該是上輩人從新化移民而來。新化為武術之鄉，自古勇猛好鬥，龍勝這裡說新化話的似乎還保留了故鄉的血性。新化有紫鵲界梯田，而龍勝的龍脊梯田裡能夠看到許多墓碑上刻著新化字樣的古墓。這些能否說明紫鵲界梯田和龍脊梯田的淵源？

時光匆匆，27日我們即往回走了，這次來龍勝留下一個小小的遺憾，我大哥沒有到他曾經住過的棉花坪。遺憾看來不可避免，到六巷時不是已經到了古陳屯面前而沒能進入屯裡嗎？

昭　　平

在廣西做茶葉的很少不知道何玉開這個名字，人們都親切地叫他何大師。他踏踏實實從事茶葉生產幾十年，積累了許多實踐經驗，獲得了由廣西壯族自治區政府正式授予的茶葉大師榮譽稱號。

2008年夏天，我調入華南農業大學茶學系剛一年，這時由學校繼續教育學院承辦了廣西壯族自治區農業廳組織的廣西茶葉技術培訓班。班上有34個學員，有廣西茶葉研究所的科學研究人員、主要產茶縣農業局的茶葉主管人員，也有不少來自茶葉生產一線的技術人員。記得我講

龍勝採茶的少數民族婦女

瑤山深處

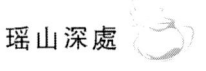

了半天課，主要是茶園規劃和管理方面的。當時講完課就走了，對學員也沒有留下什麼很深的印象。後來陸續從出差到廣西的其他學院老師以及到廣西昭平進行「三下鄉」活動的茶學系學生口中得知，廣西有個叫何大師的人認得我，聽過我的課，似乎印象還不錯。真正與何先生見面已經是2016年底了，在梧州開完六堡茶研討會後，我乘車來到昭平千年古鎮──黃姚。何先生開車來接我，一打開車門，他笑著對我說：「黃老師，你回家啦。」我一時沒反應過來。他接著說：「黃姚古鎮啊，這裡就是黃姓和姚姓最多呢。」我大笑道：「是，是。」他說他在黃姚就有一片茶園，於是我們就近先看了這裡。何先生70歲上下的年紀，身體很好，一看就是那種在茶葉生產一線摸爬滾打了一輩子的人。茶園坡度很大，但茶樹長勢很好。按照生產面積規模，昭平茶葉在廣西排前幾位，以盛產綠茶為主。近年縣裡為了做好茶葉宣傳，在離縣城三公里的南山就著之前的國營老茶場打造了一個「南山茶海」的景區。站在南山茶海最高峰，周圍群峰連綿起伏，雖已12月了，這裡的茶園還是一片綠意蔥蔥。何先生以前就在這個茶場工作，哪片種了什麼品種，什麼時候種的，品質如何，他饒有興致地給我詳細地進行了介紹。「家裡孩子多，自己工資低，怎麼辦？夏天勞累了一天，晚上打著手電從這裡往山裡邊走，轉一圈，然後從那個口子出來，回家，通常能夠捉一簍子石蛙。」他邊說邊比畫著。我笑著說石蛙是國家保護動物，你在違法呢。「那時也不知什麼保護動物，沒錢，要吃肉只能靠牠了。」是啊，我的家鄉在洞庭湖區，小時候不是也經常跟著大人晚上去抓蛤蟆嗎。抓到深夜回家，一覺醒來，第二天早晨母親做的辣椒紫蘇炒蛙

肉是我記憶中舌尖上的最佳，沒有第二。

  昭平縣城一帶風景十分漂亮，桂江清澈見底，穿城而過，喀斯特的小石峰散布在一片暮靄煙嵐中，高低遠近，美如畫圖。翌日一早，到縣農業局的試驗基地參觀，他們在進行野生禿肋茶的繁殖和種植試驗，目前成活率還比較低。我認真看了禿肋茶的葉片，除了背面主脈比較突出外，其餘與金秀的禿房茶基本相同。走時他們送了一點茶樣給我，帶回實驗室做了檢測，也是含有可可鹼而基本不含咖啡鹼的特徵。

修仁縣及修仁茶

  廣西古縣修仁縣於 1951 年正式撤縣，其所屬大部分併入荔浦縣，原來歸修仁縣管轄的金秀瑤民自治區（即現在的金秀瑤族自治縣）歸屬荔浦縣。修仁產茶歷史悠久，其茶葉主要出產在大瑤山區。因此，由歷史上的修仁茶也可以追溯金秀茶的一些古老淵源。

  北宋官員鄒浩著《修仁茶》詩三首。其一，味如橄欖久方回，初苦終甘要得知。不但炎荒能已疾，攜歸北地亦相宜。其二，嶺南州縣接湖南，處處烹煎極品談。北苑春芽雖絕品，不能消弭禦煙嵐。其三，龍鳳新團出帝家，南人不顧自煎茶。夜光明月真投暗，悵望長安天一涯。

  兩宋之際的抗金名臣，福建邵武人李綱在他的《飲修仁茶》中寫道：「北苑龍團久不嘗，修仁茗飲亦甘芳。誇研鬥白工夫拙，辟瘴消煩氣味長。江表露芽空絕品，蜀中

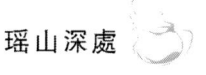

仙掌可同行。從容飯罷何為者，一碗還兼一炷香。」

同為南宋名臣的李光，他的《飲茶歌》最為生動有趣：「朝來一飽萬事足，鼻息齁齁眠正熟。忽聞剝啄誰叩門，窗外蕭蕭風動竹。起尋幽夢不可追，旋破小團敲碎玉。山東石銚海上來，活火新泉候魚目。湯多莫使雲腳散，激沸須令面如粥。嗜好初傳陸羽經，品流詳載君謨錄。輕身換骨有奇功，一洗塵勞散昏俗。盧仝七碗吃不得，我今日飲亦五六。修仁土茗亦時須，格韻卑凡比奴僕。客來清坐但飲茶，壑源日鑄新且馥。炎方酷熱夏日長，曲蘗薰人仍有毒。古來飲流多喪身，竹林七子俱沉淪。飲人以狂藥，不如茶味真。君不見古語云，欲知花乳清泠味，須是眠雲臥石人。」

南宋四大家之一的范成大，著《食罷書字》：「甲子霖涔雨，東南濕蟄風。荔枝梅子綠，荳蔻杏花紅。捫腹蠻茶快，扶頭老酒中。荒隅經歲客，土俗漸相通。」在其自注中寫道，蠻茶出修仁，大治頭風。

岳麓書院主事，在長沙與著名學者朱熹切磋學術從而留下「朱張渡」古蹟的南宋學者張栻，著《從鄭少嘉求貢綱餘茶》：「貢包餘壁小盤龍，獨占人間第一功。乞與清風行萬里，為君一洗瘴雲空。茗事蕭疏五嶺中，修仁但可愈頭風。春前龍焙令人憶，知與故人風味同。」

以上都是宋代名臣名家的詩作，如果要舉例的話，還有很多。但都是詩句，資訊量有限，可以了。中國古代詩詞講究意境美，講究點到為止，詳盡說出修仁茶真貌不能靠詩詞。南宋淳熙年間（1178），周去非在地理名著《嶺外代答》卷六做了詳細的記載：「靜江府修仁縣產茶，土

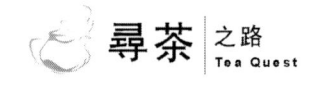

人製為方銙，方二寸許而差厚，上有『供神仙』三字者，上也；方五六寸而差薄者，次也；大而粗且薄者，下也。修仁其名，乃甚彰。煮而飲之，其色慘黑，其味嚴重，能愈頭風。」宋代茶一般為蒸青綠茶，壓製成餅狀、塊狀。修仁茶也不例外，壓成塊狀，以磚塊的外形區分茶葉的優劣。

宋代對修仁茶的記載，要數周去非的《嶺外代答》最為清楚明白了。周去非何許人也？查百度詞條：周去非，字直夫，生卒年1134－1189年，永嘉（今溫州）人，周行己族孫。南宋地理學家。隆興元年進士。歷欽江教授，淳熙中，通判靜江府。1178年，所著《嶺外代答》為中國古代地理名著。

後 語

2020年初，新冠疫情爆發，大家被迫過上了居家的生活。平日忙忙碌碌，猛然一下閒了下來，還真不適應。悠閒了一段時間，想起自2007年來華南農業大學以後十幾年的科學研究教學工作，有很多有意思值得記錄的人和事，一直想把它記下來，但也一直苦於沒有可以靜心寫作的時間，這眼下不是最好的時機嗎？於是每日在電腦前碼字，疫情一天天過去，不知不覺就有了上面的文字，也算是沒有虛度光陰。又歷時半年多整理、出版，期間感悟良多，得此飲茶四種境界，與各位茶人共勉。

人類茶飲的四種境界
——尋茶感悟

一為解渴。「心為茶荈劇，吹噓對鼎䥶。」、「酒困路長唯欲睡，日高人渴漫思茶。」人渴了便要喝茶。「神農嘗百草，日遇七十二毒，得茶而解之。」說的是茶葉的解毒藥效，但茶為人類祖先發現並廣泛傳播至今，首推的應當是茶的解渴作用。

二為舌尖。「老龍團，真鳳髓，點將來。兔毫盞裡，霎時滋味舌頭回。」滿足了解渴之後，人們飲茶，追求的是茶葉的香氣與滋味。自古以來，人類對飲食的挑選是非常精緻到位的。茶組植物中，只有茶種被人類看上了，近緣種諸如大廠

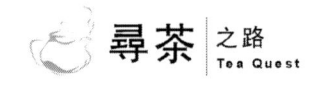

茶、厚軸茶、禿房茶等至今無人問津。

三為養身。「一碗喉吻潤，二碗破孤悶。三碗搜枯腸，唯有文字五千卷。四碗發輕汗，平生不平事，盡向毛孔散。五碗肌骨清，六碗通仙靈。七碗吃不得也，唯覺兩腋習習清風生。」適當飲茶有益於人體健康。飲茶人經常有這樣的發問：何種季節適合飲何種茶？何種體質適合飲何種茶？等等。飲茶到第三種境界，必然會有這些思考。

四為悟道。「孰知茶道全爾真，唯有丹丘得如此。」昔人雲：朝聞道，夕死可矣。透過飲茶而靜下心來，進而明白各種道理，解除各種煩惱，也就是說悟道。

第一、二、三種境界是形而下的階段；第四種境界是形而上的階段。

國家圖書館出版品預行編目資料

尋茶之路 / 黃亞輝 著 . -- 第一版 . -- 臺北市：崧
燁文化事業有限公司, 2024.09
面； 公分
POD 版
ISBN 978-626-394-860-0(平裝)
1.CST: 茶葉 2.CST: 製茶 3.CST: 茶藝
434.181　113013420

尋茶之路

作　　者：黃亞輝
發 行 人：黃振庭
出 版 者：崧燁文化事業有限公司
發 行 者：崧燁文化事業有限公司
E - m a i l：sonbookservice@gmail.com
粉 絲 頁：https://www.facebook.com/sonbookss/
網　　址：https://sonbook.net/
地　　址：台北市中正區重慶南路一段 61 號 8 樓
8F., No.61, Sec. 1, Chongqing S. Rd., Zhongzheng Dist., Taipei City 100, Taiwan
電　　話：(02) 2370-3310　　傳　　真：(02) 2388-1990
印　　刷：京峯數位服務有限公司
律師顧問：廣華律師事務所 張珮琦律師

-版權聲明-

本書版權為中國農業出版社授權崧博出版事業有限公司獨家發行電子書及繁體書繁體字版。若有其他相關權利及授權需求請與本公司聯繫。
未經書面許可，不得複製、發行。

定　　價：450 元
發行日期：2024 年 09 月第一版
◎本書以 POD 印製